iT邦幫忙鐵人賽

博碩文化

從 Hooks 開始　第二版

讓你的網頁 React 起來

第11屆iT邦幫忙鐵人賽
iT邦幫忙鐵人賽
優選
iThome

- ◆ 第一本整合線下內容與線上社群的 React 實體書，再也不怕沒人解惑
- ◆ 從 Hooks 開始上手 React，大幅降低陡峭的 React 學習曲線
- ◆ 透過專案實作到最終發布上線，讓所有人都可以看到你的作品

本書讀者
專屬社團

 本書提供線上資源下載

陳柏融 —— 著

本書如有破損或裝訂錯誤，請寄回本公司更換

作　　者：陳柏融 著
責任編輯：賴彥穎Kelly

董 事 長：陳來勝
總 編 輯：陳錦輝
出　　版：博碩文化股份有限公司
地　　址：221新北市汐止區新台五路一段112號10樓A棟
　　　　　電話(02) 2696-2869　傳真(02) 2696-2867

發　　行：博碩文化股份有限公司
郵撥帳號：17484299　戶名：博碩文化股份有限公司
博碩網站：http://www.drmaster.com.tw
讀者服務信箱：dr26962869@gmail.com
訂購服務專線：(02) 2696-2869 分機 238、519
(週一至週五 09:30~12:00；13:30~17:00)
版　　次：2022 年 09月初版
建議零售價：新台幣 720 元
I S B N：978-626-333-287-4
律師顧問：鳴權法律事務所 陳曉鳴律師

國家圖書館出版品預行編目(CIP)資料

從 Hooks 開始, 讓你的網頁 React 起來 / 陳柏融著.
-- 二版. -- 新北市：博碩文化股份有限公司, 2022.09
　　面；　公分. -- (iT 邦幫忙鐵人賽系列書)

ISBN 978-626-333-287-4(平裝)

1.CST: 系統程式　2.CST: 軟體研發　3.CST: 行動資訊

312.52　　　　　　　　　　　　　　　111015796

Printed in Taiwan

博 碩 粉 絲 團

歡迎團體訂購，另有優惠，請洽服務專線
(02) 2696-2869 分機 238、519

作者序

前端框架的使用經驗可以算是目前求職前端工程師的必備條件之一，不論你學的是 React、Vue、Angular 或其他前端框架，接觸過這些不再是加分項，而是必備項目。過去 React 陡峭的學習曲線，除了讓初學者聽到 JSX 就誤以為是一種艱澀難懂的新語法之外（想說，我才剛熟悉 HTML、CSS，怎麼這麼快又要我用不一樣的東西），更使用了新手不太熟悉的類別語法（class）來建立元件。

這些內容對於一個剛學會 HTML、CSS 和 JavaScript 的新手來說，實在有著太大的認知負荷，往往只能先複製貼上再來慢慢深入探討，而這也往往是讓初學者難以入手、甚至放棄學習 React 的最大原因。

然而在 React Hooks 的出現後，情況有了明顯的不同，對於想要入手 React 這套前端框架的初學者來說，只需要有 JavaScript 的基本概念後，即可開始試接觸 React，因為在 React Hooks 的世界中，所有東西都是圍繞著函式（function）。

透過函式就可以建立網頁元件，透過函式就可以管理資料狀態，透過函式就可以將事件與 HTML 元素進行綁定，也就是說，React 的學習過程不再陡峭，而是漸進式的學習體驗，會了函式你就可以開始使用 React，剩下的則是隨著經驗的累積能夠用更精準的語法及更容易維護的方式來架構自己的專案。

對於曾聽說 React 學習曲線過陡而遲遲沒有入手的你，是時候可以跟著 React Hooks 來學習 React 這套由 Facebook 開發維護的前端框架；而對曾接觸其他前端框架的開發者來說，有了先前的概念能夠更快上手 React 中元件的建立、資料傳遞的過程、以及狀態管理的概念。

本書的誕生主要源自於 iT 邦幫忙鐵人賽，筆者在學習的過程中受益非常多，因此我特別感謝 iT 邦幫忙，並決定將本書首刷版稅回饋 iT 邦幫忙鐵人賽，鼓勵台灣 IT 社群互助合作且彼此樂於分享的精神。

另外，也非常感謝台南好想工作室的 Howard 和 ALPHA Camp 校長 Bernard 對於本書的推薦，筆者的爬蟲就是跟著 Howard 在鐵人賽上的文章學習的，而 Bernard 對於課程的規劃、學生學習體驗的重視則令我非常佩服。

一個人走得快，一群人走得遠。謝謝 Andy、Calvert、阿威在我學習過程中的各種姿勢調整與整骨。謝謝 Tim、芳碩幫我重複來回校稿；謝謝 Ellen 和雁婷的鼓勵；也謝謝博碩文化的編輯、美編讓我為了書本的品質來來回回多次修改。還記得有同學曾經問我說：「PJ 你是怎麼做時間管理的？我看你總是能夠有很多的產出。」女友在旁默默說道：「這個應該要問我才對，時間管理就是把女友晾在一邊就可以了（笑）。」這裡特別要跟琳琳說一聲謝謝！沒有你們也絕對不會有這本書的出現。

現在就請讀者們一起「從 Hooks 開始，讓網頁 React 起來」吧！

推薦序 1

ALPHA Camp 校長：Bernard

「有推薦的 React 工程師嗎？我們這邊很缺！」

因為經營 ALPHA Camp 的關係，我有許多機會能觀察及瞭解國內外科技產業的趨勢與人才需求狀況。從去年開始，幾乎每個月都會有台灣或是海外的企業與新創主管、人資，來向我打聽具備 React 技能的工程師人才。

React 是目前非常流行的前端框架之一。最初它是由 Facebook 的前端工程師開發，用以維護 Facebook 日漸龐大複雜的 code base。而當 React 在 2013 年開源化後，更被 Uber、Netflix 等知名網路企業採用。

如果你希望透過學習 React 這個目前業界非常流行的框架，來提升職涯發展潛力，那這本書，當然再適合你不過。

但我推薦這本書的原因，並不只是因為 React 這個主題，更是因為 PJ 這個人。

2018 年，那時 ALPHA Camp 正在開發新的線上課程。考量到線上自學的特殊性，當時我希望找到有一定技術經驗，並且非常重視學生體驗的工程師，來跟我們合作課程——於是我便認識了 PJ。PJ 當時已經在經營他的社群「PJCHENder 網頁前端資源站」，且有不少人氣。但在交談時，他給人的感覺非常親切、謙虛。隨著後來持續的合作，我發現 PJ 除了比一般工程師有更優秀的文字能力之外，更有過人的同理心。更重要的是，他也跟我們團隊一樣，對學生的學習體驗非常重視，為了讓學生能真正學會，不斷地優化教學內容。

後來我才知道，其實 PJ 也不是所謂的「本科生」。在台大心理系畢業後，經過一番努力與學習，才建立現在的能力。過程中他受過別人的幫忙，更能同理學習途中可能碰到的困難與焦慮。所以後來他非常積極地分享，希望將技術領域的知識，融合心理系給他的訓練，幫助其他學習者學得更有效率、更愉悅其中。

我非常高興你拿起了這本書，Good Choice。正如書中所說，這不是一本有關 React 的字典，而是 PJ 為你設計的一趟學習旅程。透過專案實作，PJ 會帶你體會如何使用 React 完成一個小產品。除了耐心指引你步驟之外，他更會告訴你各種「為什麼」，讓你對 React 背後的邏輯與思維有充分瞭解。而在每個章節的最後，他都設計了一道任務，等著你去挑戰。因為 PJ 最在乎的，是你能否建立實際能力，當看完這本書後，是否能自己解決問題。

所以與其說這是一本有關 React 的工具書，更準確的說法應該是 PJ 為你設計的一趟學習旅程。過程中你除了會認識並學會如何使用 React 這個工具之外，更重要的是你將體會到，學習，其實可以很不一樣。

最後，我想對手裡拿著這本書的你說：接下來請放心踏上、盡情感受 PJ 精心設計的 React 學習之旅吧！

Bernard Chan ｜ 陳治平

創業家、教育家、工程師。在香港與加拿大長大。畢業於加拿大滑鐵盧大學與美國 MIT。前 Yahoo! 亞太區產品總監。在 2014 年創辦 ALPHA Camp，以台灣和新加坡為教學據點，培育數位人才。校友遍及全球知名科技新創與五百大企業。

推薦序 2

PJCHENder 是在好想工作室學習過的學員，好想工作室做教育這塊並非著重在技術上，而是在於培養個人的特質與習慣的養成，這次幫 PJ 寫序是一件開心的事，因為看完這本書後，內容反映了他的人格特質與習慣，我看到了主動學習、自主思考、咀嚼後能夠用自己的方式將知識分享出去，這就是好想工作室培育的核心價值，而 PJ 確實地將這樣的理念表現在這本書裡。

走在資訊這條路上是個浪頭上的產業，每天都會有新的技術翻新，所以技術是學習不完的，唯有能夠學會「學習思考的脈絡」才能保持在疊疊的浪頭上，作者在本書的開宗明義寫著「這不是一本字典」定調了整本書內容的主軸，它不是一本工具書，而是作者在腦中思考的過程，是一本教你思考的書，以邏輯思考的走向代替一般指令式的教學，這樣的內容才是正確的教學方式。

這本書的內容除了詳盡的引導 React Hooks 外，也介紹一般實作中會用到的相關應用，例如 github page、icon、API doc、PWA 等，是從整個實作去思考所有會面臨到的問題以及正確的處理方式，學習到的並不只是技術，而是在實務過程中所累積下來的經驗。

Howard｜吳展瑋

台南「好想工作室」創辦人、台灣口罩地圖、動森揪團工具開發者。在台南推動資訊教育訓練，以導師（mentor）指導、學員自主學習的方式，擁有多年的培訓經驗，學員分布於國內外各大企業。

讀者好評推薦

如果你是期待能用 React 快速上工的人，這本書會非常有幫助！

照著此書的安排，你會用 React 完成一個簡單卻完整的 web app。

開發過程所需要的 JavaScript 基礎知識，都會詳細解說，讓新手可以快速進入狀況。

喜歡本書在講解語法或者介紹相關套件時，都會告訴讀者為什麼要這麼做，這麼做解決的痛點是什麼，而這些說明對新手會很有幫助！

Ralf Hsiao｜老婆我在這

這本書從一開始就先帶一些初心者必懂的觀念，再由淺入深地講解 React hooks 的使用，即使是第一次碰前端框架的人，也能快速地學習 React。加上 PJ 大大總是能把複雜的觀念以最簡單的內容說明出來，所以不會有種看艱深教課書的痛苦感，每字每句都是能讀得懂的內容。而且書中內容除了透過實際的實作來說明 React Hooks 怎麼使用外，還有說明一些該注意的地方和一些實作上的小撇步。

另外，除了書本中的內容外，我還有參加從這本書延伸出的讀書會，一樣也是收穫滿滿，不只加強了 React 學習，更延伸學到更多前端技術及觀念。

粉粉

很適合快速入門 React 的一本書，從實作小案例中一步步介紹，也有搭配網頁使程式學習上很快、方便，也可以看案例後先用自己方法做在跟書對照，可以瞬間理解很多自己的卡點、書想表達的部分。另外，過程中的文字敘述很好吸收、容易掌握重點，不像看文件對初學者來說比較有距離。

Jane

很幸運遇見 PJ 老師這本精實的入門書，從實作中理解概念，也觀摩到資深開發者如何組織程式碼。PJ 老師更是不忘反覆叮嚀 React 重要概念。對於初學前端的文組生的我來說，內容好懂容易操作，也幫助我做出獨立小作品、成功轉職 + 探索更深奧的官方文件。

Z.R.

本書非常適合 react 新手，從最基礎的概念慢慢深入淺出，讓完全不懂 react 框架小白的我可以掌握最核心的概念，另外也配合範例程式碼可以實際演練加深印象與累積實作經驗建立信心，讓我順利用 react 做前端開發，真是受益良多！

Emma

本書用淺顯易懂的方式，說明學習 React Hooks 需要了解的重要概念。對於先學 React Class 才學 React Hooks 的我非常有幫助。在透過看書練習小專案的過程中，就像是有個資深工程師很有耐心的跟你說明要做什麼、如何做、為什麼要這樣做，提醒你該留意的小撇步。在實現每個拆解的小功能時，也會說明這邊的流程，留給你自己動腦實作的空間。完成本書的小專案後能夠得到完整的觀念。若在過程中有問題也能在本書的線上 React 社團提問並得到好的回覆。這本書帶給我最大的收穫是能夠理解一個資深工程師的思考過程，得到的遠比預期的多。能遇到這本書真的太好了。

Joy

前言

沒學過 React 可以從 Hooks 開始嗎

大約在 2019 年二月，React 16.8 版開始正式支援 Hooks 的用法後，熟悉 React 的開發者即使還沒用過，但一定聽過 Hooks 這個詞；對於原本 Vue 的開發者來說，在 Vue 3 中也受到 React Hooks 的啟發，增加了 Composition API 到原有的框架中。

到底這個大家都在說的神奇鉤子（Hooks）是什麼？

實際上，React Hooks 的推出大大降低了 React 的學習門檻，過去 React 的學習者需要先對 JavaScript 中類別（class）、this、生命週期的概念有相當程度的掌握後，才能比較了解 React 到底在做什麼，因為多數的 React 元件都是透過 class 語法來建立。但在 React Hooks 推出後，所有的 React 元件都可以透過函式的方式來建立，也就是說，只需有了 JavaScript 中函式的概念後，就可以開始學習使用 React，React 本身學習的難度降低了，剩下的就是看開發者本身 JavaScript 的基本功是否扎實、熟練度是否足夠。

我（沒有）學過 React 可以直接學 Hooks 嗎

▶ 沒學過 React 反而可能是你的優勢

簡單來說，這本書的內容就是希望能讓沒學過 React 的開發者能夠從 Hooks 直接上手 React，正因為你沒接觸過 React，所以你可以完全不受過去經驗的影響，學起來反而沒有什麼包袱，甚至可能更容易上手，因為 Hooks 是一個新的思維方式，而你不會一直想要把新東西對應回傳統的寫法。

▶ 需要具備的能力

雖然這麼說，但在學習 React Hooks 之前，你還是需要至少有基本的網頁開發和 JavaScript 的知識。如果你是完全沒有任何網頁開發經驗的初學者，這本書「目前」可能還不太適合你，學習上可能會比較吃力，或者會面臨到只是照著輸入程式碼但不清楚發生什麼事的情況。下面列出幾個我認為在閱讀本書前至少該有的基本能力：

- 聽過 HTML、CSS 和 JavaScript
- 知道怎麼撰寫 HTML 檔案
- 知道 CSS 中可以使用 inline-style 或 class 等方式撰寫樣式
- 具備基本的 JavaScript 語法基礎，包括建立函式、撰寫 if 判斷式、for 迴圈等等
- 不需要完全會用 JavaScript ES6 的語法，但知道更好
- [加分] 了解終端機的基本操作
- [加分] 使用過 Node.js 以及 npm 指令
- [加分] 有使用過 Github，並了解 Git 指令的基本操作

▶ 懂查就不害怕：善用 MDN 與官方文件

對於沒有 React 經驗的開發者來說，這本書從 React 的基礎講起，學習如何把網頁透過 JSX 放入 JavaScript 中，接著我們會進到函式型元件（functional component）、最後開始運用 Hooks 來完成各種不同的功能，包括在 React 各個元件中進行資料傳遞、製作具有互動效果的網頁、透過 AJAX 拉取資料、基本的表單處理等等。

這裡你可能會覺得有很多不懂的名詞，什麼 JSX、函式型元件（functional component）、資料傳遞、狀態（state）和 props 等等，這些你不必擔心，內文中都會逐一涵蓋到這些內容。

唯一需要你主動去做的，就是當你在閱讀中看到不懂、不確定用法的東西時，如果是 JavaScript 語法部分，請你使用「JS 關鍵字 + MDN」去搜尋，例如，當你看到程式中出現 `const { age } = data` 解構賦值的用法而不知道這是什麼意思時，請試著使用關鍵字「解構賦值 MDN」去搜尋並閱讀資料：

如果是 React 相關的，則可以到 React 的官方網站去搜尋。

要留意的是，在這本書中並不會說明 React 傳統上使用的 class 元件、生命週期等概念，雖然在新的 React 中你不需要這些東西就可以做到各種功能，但這些東西仍然相當重要，特別是如果你需要和其他團隊成員共同開發，或者維護其他人的專案，關於這些「重要但刻意不告訴你」的部分會在本書最後的章節中說明。

這本書會帶你從 Hooks 開始認識、熟悉並使用 React，但作為 React 入門書，而非字典書，未來還有許多地方是需要讀者自己去補足與學習的。

對於有 React 經驗的開發者

對於有經驗的 React 開發者來說，過去學習 React 時大多是從 ES6 中的 **class** 語法開始學起，透過一個又一個的 **class** 來建立不同的元件（component），然後學習 React 中不同元件是如何掛載到網頁上、重新轉譯（render）、最後到脫離網頁上的這一整個生命週期（life cycle）。

這樣的學習途徑並沒有任何錯誤，但在學習 Hooks 的時候勢必會碰到一點阻礙，就是你會一直想要把 Hooks 的寫法或概念對應回傳統 class 的寫法，因為你認為這樣有助於你更釐清這個新東西，但實際上卻不一定如此。如同 Redux 的作者 Dan Abramov 所說，Hooks 是一個新的思維方式，因此有些時候，你必須忘掉原本學過的，這樣反而更能幫助你學習新的事物。

> **TIPS**
>
> 看似反其道而行，但有些時候，你必須先忘掉原本學過的，如此更能幫助你學習新的事物。

如果你已經撰寫過 React 的話，可以直接跳到你需要的單元後閱讀即可，不需要從頭開始看那些已經知道的內容。

只有一點要提醒的是，在學習 React Hooks 的過程中，希望你可以先假裝沒學過 React 的 class 元件、生命週期等等，因為如果一直想要把新語法對應回傳統的知識，學起來會發現這裡卡卡的、那裡卡卡的。等到你對於 Hooks 的思維漸漸熟練後，再回過頭去對應傳統 React 的寫法，相信你更能夠統整這兩種不同語法。

專案檔案與資源下載

在每個單元的最後，都會附上網址，讀者們可以從網址中檢視該單元完整的原始碼。

專案原始碼的檢視與下載

除了第二章我們會在 CodePen 上進行開發之外，剩下的章節都會在本地進行開發，每個單元完成的程式碼則都會放到 Github 上供檢視。若你對於 Github 還不太熟悉，可以簡單想成把專案資料夾中的所有內容都放到這個空間上開放讓大家檢視。若你不習慣透過網頁檢視，也可以透過下載按鈕，把整個專案下載到自己的電腦上檢視：

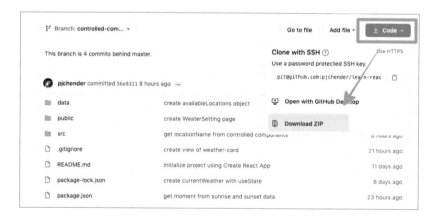

檢視專案說明頁

除了可以在 Github 專案上檢視該單元的原始碼外，在部分單元中 Github 專案上會放有說明頁面，在說明頁會列出所有「與該單元有關的連結」、「程式碼片段」、「補充內容」等等，減少讀者需要手動輸入網址這個繁瑣的過程：

檢視每次程式碼變更的部分

在 Github 上，除了可以針對該單元中有變更的檔案進行檢視外，也可以善用 Github 上的 Commit 功能，每一個 Commit 會清楚標註出每一支程式碼有變更的部分，你只需要點擊「時鐘」的圖示

接著會顯示一連串程式碼修改的紀錄，通常筆者會把該單元變更的部分，放在最後一次 commit 紀錄，因此只需要點擊最上方的那筆記錄即可：

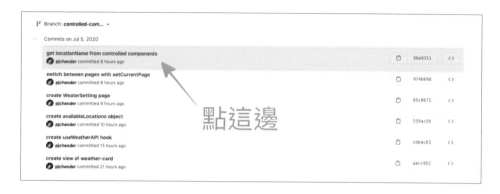

如此你將可以看到這個單元中，程式碼有變更的部分，方便你檢視：

另外，在本書後面的章節中，因為專案程式碼內容較多，因此每一個單元都會獨立成一個 Github 分支（branch），方便讀者檢視每個單元中程式碼變化

的部分，關於如果在 Github 上切換並檢視不同分支的內容，會在後面的章節中詳加說明。

你買的不只是一本書，而是一套線上課程

這不是一本 React 字典

本書的目的非常簡單，就是讓讀者能夠學會 React，了解 React 中重要的觀念，但千萬不要把這本書當做是 React 的百科全書或字典，希望能夠在這裡找到所有和 React 有關的東西，這並不是本書的目的。

本書的目的是透過專案的實作，讓讀者能夠對於 React 的使用有一個廣泛的理解，有點像是提供你一張地圖，但不會把所有地址列出來告訴你說這個地址會在地圖上的哪個位置，而是會實際帶你探訪地圖上許多重要的景點，當你對於這個環境有了一定的熟悉之後，未來讀者就能夠依循這個脈絡，開始根據自己的興趣或需要，探索地圖上不同的景點，透過自己的能力解決不同的問題。

參與社團

由於實作類的書籍沒辦法像影片一樣，能夠清楚的展示程式碼變化的過程，有時很難清楚描述整個實作課程，因此本書有搭配 Facebook 線上社團，在這個社團中，讀者們除了可以分享自己完成的作品之外，更重要的是可以把學習本書過程中，任何不清楚的地方在上面提問，筆者除了會定期回覆外，同時也將會適當提供影音資源作為本書內容的補充。

因此，請透過下方連結，加入線上社團：

https://www.facebook.com/
groups/274607427104369/

提問的方式
. . . .

除了對於書籍內容的描述不清、概念不懂等，可以直接在社團上澄清之外，
若撰寫程式碼實作功能時碰到的問題，例如，畫面無法如書中描述呈現時，
同樣可以在社團中發問，但因為隔空抓藥很難找到問題的核心，因此若是需
要於社團中請其他成員們一同協助找出程式碼問題，請務必將程式原始碼放
置於 CodePen 或 CodeSandbox 這類線上編輯器，讓成員們可以直接透過
此線上編輯器解決與釐清所碰到的問題。

目錄

03 React 元件間的資料傳遞：props 的應用

04 在 JavaScript 中撰寫 CSS 樣式

05 串接 API：useEffect 與 useCallback

06 進階資料處理與客製化 React Hooks

07 表單處理與頁面間的切換

08 網站部署與未來學習方向

React 中一定會用到的 JavaScript 語法

1-1 統一開發環境 - 註冊 CodePen 帳號

在開始撰寫 React 之前，我們需要先準備一致的開發環境，避免因為作業系統、環境版本、React 版本差異所造成影響。一開始在專案還沒有很複雜前，我們會先使用 Codepen 來練習基本的 React 概念，等到後面專案更加複雜後，將會進一步說明 npm 和 create-react-app 等幫助我們在電腦本機進行開發的工具。

現在我們就先來註冊 CodePen 的帳號吧！

註冊 CodePen 帳號

CodePen 是許多前端開發者用來分享自己作品的平台，進到首頁之後你可以看到許多開發者所分享的超優質作品，更棒的是這些程式碼都是公開的，未來如果有需要你也可以到這裡分享自己的作品或觀看別人的作品是如何完成的。

如果還沒註冊帳號的話，可以趕快到下方網址來註冊一個，只需到 CodePen 的官方網站點擊「Sign Up」即可註冊，這裡我們只需要使用免費的方案就可以了。

 https://codepen.io/

註冊好帳號後，點擊右上角自己的頭像，點選「New Pen」即可開啟一個網站頁面：

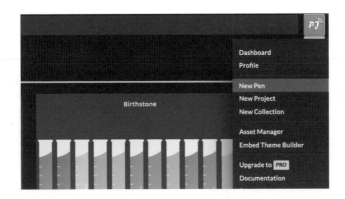

Codepen 這個工具很容易上手，其中一側可以編輯 HTML、CSS 和 JS，另一側則會顯示對應的畫面。在專案還沒有太複雜前我們會先用 CodePen 進行練習：

在後面 JavaScript 的說明中，你可以在 CodePen 中開啟一個新的 Pen 搭配練習，只需要把 JavaScript 語法撰寫在 **JS** 的區塊中，接著打開瀏覽器的 **console** 介面作為練習：

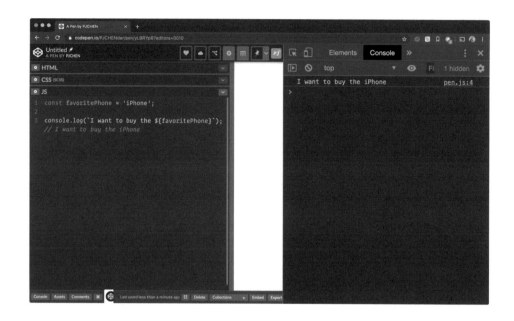

1-2 JavaScript 語法小測試與免費學習資源

因為 React 是奠基在 JavaScript 上的前端框架，在開始學習 React 之前，勢必要先對 JavaScript 有基本的認識，否則會像是看天書一般格格不入，下面筆者提供一些 JavaScript 語法的小測試，請你先看看是否都能了解這些語法在做些什麼，如果覺得不太理解的話也不用擔心，最後我們會提供一些免費 JavaScript 線上學習資源，讓你能夠惡補一下再接著閱讀本書。

> **TIPS**
>
> 如果對於下面語法仍不太熟悉，建議可以先到本章最後提供的免費學習資源進行練習。如果下面語法你一看就能知道在做什麼，就不要再花時間去看學習資源了，趕緊接著閱讀下去。

變數宣告

問題

請試著使用 let 或 const 建立變數，變數名稱為 framework，變數值為 React

參考做法

```
let framework = 'React';
const webFramework = 'React';
```

迴圈

問題

請試著用 for 迴圈在畫面中輸出 1 ～ 10

參考做法

```
for (let i = 1; i <= 10; i++) {
  console.log(i);
}
```

條件判斷

問題

承上，請搭配 if 語句，只有在 i 等於 5 的時候才顯示

參考做法

```
for (let i = 1; i <= 10; i++) {
  if (i === 5) {
    console.log(i);
  }
}
```

函式建立

問題

建立一個名為 sayHello 的函式，函式執行後會輸出 "Hello"

參考做法

```
function sayHello() {
  console.log('Hello');
}


// 或者
const sayHello = function () {
  console.log('Hello');
};
```

問題

承上，現在在函式中可以帶入參數 name，假設 name 帶入的是 "React"，則呼叫函式後會輸出 "Hello React"

參考做法

```
function sayHello(name) {
  console.log('Hello', name);
}


sayHello('React');
```

陣列建立

問題

請試著建立一個名稱為 **frameworks** 的陣列，裡面包含有元素 "React"、"Vue"、"Angular"

參考做法

```
const frameworks = ['React', 'Vue', 'Angular'];
```

物件建立

問題

請試著建立一個名稱為 smartPhone 的物件，接著請以你目前的手機為例，在物件裡面填入對應的屬性名稱和屬性值，其中屬性名稱需包含「裝置名稱 **deviceName**（字串）」、「價格 **price**（數值）」、「品牌 **brand**（字串）」、「可購買平台 **merchants**（陣列）」

參考做法

```
const smartPhone = {
  deviceName: 'iPhone 11',
  price: 24900,
  brand: 'Apple',
  merchants: ['apple store', 'pchome', 'momo', 'shopee'],
};
```

To React or not to React?

如果對於上面基本的 JavaScript 語法你都能夠很快的理解並掌握，那麼可以直接繼續往下看，後面我們會先學習／複習一些在 React 中一定會使用到，但對於初學者來說可能不是這麼熟悉的語法，若你已經是有些經驗的開發者，你可以快速翻閱，挑自己較不熟悉的部分進行瀏覽即可；或者，如果你想要趕快開始體驗 React 的開發，你也可以先跳過後面的內容，等實際進行開發 React 時，再回頭對應查看自己不清楚的部分。

如果對於上面提到關於 JavaScript 的基本語法還不太熟悉的話，這裡推薦線上免費學習資源 Codecademy - Learn JavaScript。在這個學習單元中，會把所有和 JavaScript 有關的基本語法都提到，你可以跟著單元實際在頁面上撰寫程式碼來進行練習，雖然是英文網站，但內容大多是和語法有關，不會有太過艱深難懂的詞彙。

https://www.codecademy.com/learn/introduction-to-javascript

1-3　樣板字面值（Template literals ／ Template strings）

在 React 或當今的 JavaScript 中，很常會使用到「樣板字面值（Template literals ／ Template strings）」這個語法，透過它開發者可以很方便的直接在字串中帶入 JavaScript 表達式（expression），使用上只需要將原本字串的內容用反引號（鍵盤 1 左邊那個）包起來，需要帶入表達式的地方在使用 ${} 帶入即可。

> **TIPS**
>
> 表達式（expressions）vs. 陳述句（statements）
>
> 一般來說，撰寫的語法可以分成表達式和陳述句。表達式指的是當我們輸入這串程式並執行時，它會直接得到一個回傳值，例如在瀏覽器開發者工具中輸入 a = 3 時，會直接看到 3；輸入 2 + 3 時，會直接看到 5，這種會直接有回傳值的語法屬於表達式。
>
> 相對的，像是 `if`、`for` 這類執行時不會直接得到回傳值的語法，就稱作陳述句。

在樣板字面值中帶入變數

變數本身就是一種表達式，因為當你在 Chrome 的開發者工具中輸入變數時，就會立即得該變數的值，因此我們可以把變數帶入到樣板字面值中。

實際的應用像是這樣：

```
// 帶入變數
const favoritePhone = 'iPhone';

console.log(`I want to buy the ${favoritePhone}`);
// I want to buy the iPhone
```

除了單純帶入變數，也可以帶入其他表達式，像是加減乘除的運算：

```
// 帶入加減數值運算
const favoritePhone = 'Galaxy Note';
const currentPrice = 31900;

console.log(`The ${favoritePhone} is ${currentPrice} now.`);
// The Galaxy Note is 31900 now.

console.log(`The ${favoritePhone} is ${currentPrice * 0.7} now.`);
// The Galaxy Note is 22330 now.
```

在樣板字面值中帶入 HTML 區塊

因為在樣板字面值中是可以換行的，程式解析的時候，它不會因為換行而出錯，因此某些時候若需要在 JavaScript 中放入 HTML 的某個元素或區塊，也常會使用到的樣板字面值的寫法，像是這樣：

```
const buttonGroup = `
<div class="btn-group-toggle" data-toggle="buttons">
  <label class="btn btn-secondary active">
    <input type="checkbox" checked autocomplete="off"> Checked
  </label>
</div>
`;

document.body.innerHTML = buttonGroup;
```

1-4　箭頭函式（arrow functions）

箭頭函式（arrow functions）是在 ES6 中另一種更簡便來定義函式的語法。
傳統上我們會這樣定義 JavaScript 的函式：

```
function showIphonePrice(currentPrice) {
  return `The iPhone is ${currentPrice} now.`;
}

console.log(showIphonePrice(26900));
// The iPhone is 26900 now.
```

ECMAScript 是什麼？ ES6 又是什麼？ ECMAScript 可以視作 JavaScript 這套
程式語言的規範，在這當中會定義所有與 JavaScript 相關的語法和規格，語
法標準訂定後再由各瀏覽器去實作底層的功能。

ES6 的全名則是指 ECMAScript 6，它指的是第六版的 ECMAScript，而這
個版本推出時擴增了 JavaScript 大量的語法，因此可以視作 JavaScript 非常
重要的「威力加強版」，又因為它推出的時間是在 2015 年，因此又被稱作
ES2015（ECMAScript 2015）。

2015 年後雖然每年都有持續推出新版的 ECMAScript（例如，ES7、
ES8、...），但多是小幅度的語法擴增或加強，因此有些開發者會以 ES6 來統
稱 2015 年後的所有 JavaScript 新語法。

基本使用

在 ES6 中則可以用箭頭函式讓它變得更精簡。箭頭函式的使用會把函式的參
數放在前面的小括號 () 中，中間搭配 =>，原本函式執行的內容則放在最後
的大括號 {} 中：

```
const showIphonePrice = (currentPrice) => {
  return `The iPhone is ${currentPrice} now.`;
};

console.log(showIphonePrice(26900));    // The iPhone is 26900 now.
```

▶ 當函式只有一個參數時，可以省略參數外的小括號

箭頭函式的寫法有時會讓初學者感到困惑，因為在不同的情況下可以簡化語法，但實際上表達的是相同的意思。以上面的函式為例，當箭頭函式中的參數只有一個時，可以簡化外層的小括號，功能是一樣的，變成：

```
// 當函式參數只有一個時，可以省略小括號，因此這裡 currentPrice 外的小括號
   可以省略
const showIphonePrice = currentPrice => {
  return `The iPhone is ${currentPrice} now.`;
};
```

▶ 當函式會直接回傳值時，可以省略箭頭後的大括號

如果在箭頭函式中只會回傳一個值而不需要做其他操作的話，甚至可以直接在 => 後面加上回傳值，例如：

```
// 函式不需要做其他操作直接回傳時，可以省略 => 後的 { }
const showIphonePrice = (currentPrice) => `The iPhone is
${currentPrice} now.`;

console.log(showIphonePrice(26900));  // The iPhone is 26900 now.
```

有些時候開發者會透過箭頭函式直接回傳物件，這時候因為函式直接回傳值時可以省略 => 後的大括號，但因為物件本身的語法就是使用大括號，因此若想要直接回傳一個物件，物件外面必須包上小括號，讓 JavaScript 可以知道大括號內是一個物件，像是這樣：

```
// 若箭頭函式要直接回傳的是個物件，物件外圍需使用小括號包起來
const showIphonePrice = () => ({
  deviceName: 'iPhone 11',
  price: 24900,
  brand: 'Apple',
  merchants: ['apple store', 'pchome', 'momo', 'shopee'],
});

console.log(showIphonePrice());  // { deviceName: 'Iphone 11', ... }
```

> **TIPS**
>
> 箭頭函式不單單只是精簡寫法的函式定義語法
>
> 許多人誤以為箭頭函式只是讓開發者可以用更簡潔的方式來定義函式，但有時錯用了箭頭函式會造成程式錯誤。這是因為在 JavaScript 中有一個關鍵字稱作 this，而箭頭函式會改變這個關鍵字 this 所指稱到的對象，造成使用原本函式語法和箭頭函式語法有不同的結果。因為多數的時候我們不會涉及到這樣的問題，且 this 的說明與本書的關聯較低，所以若有需要則可以到網路上尋找更多「箭頭函式與 this 間關聯」的說明。

1-5 解構賦值和物件屬性名稱縮寫

解構賦值（destructuring assignment）可以幫助開發者用簡短的語法，從物件或陣列中取出所需要的資料，並建立成新的變數。物件屬性名稱縮寫（shorthand property names），則可以讓開發者用更精解的方式定義物件。讓我們從下面的說明中來了解實際的使用方式。

> **TIPS**
>
> 簡單來説，解構賦值讓開發者可以達到快速建立變數並取值的動作。

物件的解構賦值

物件的解構賦值很常見的情境是當我們從伺服器拿到的資料是帶有一大包內容的物件，而我們只需要用到該物件裡面的其中一些屬性，這時就很適合使用解構賦值。

舉例來說，現在從伺服器拿到一大包和商品名稱有關的資料：

```
// 一個帶有非常多資料的物件
const product = {
  name: 'iPhone',
  image: 'https://i.imgur.com/b3qRKiI.jpg',
  description: ' 全面創新的三相機系統，身懷萬千本領，卻簡練易用。',
  brand: 'Apple',
  offers: {
    priceCurrency: 'TWD',
    price: '26,900',
  },
};
```

假設如果現在要建立新的變數，並在變數中代入該商品的名稱（**name**）和描述（**description**）時，傳統上可能會需要這樣做：

```
/* 一般從物件取出屬性值，並建立新變數的做法 */
const name = product.name;
const description = product.description;
```

但在使用物件的解構賦值之後，可以達到快速建立變數並取值的動作：

```
// 自動產生名為 name 和 description 的變數
// 並把 product 物件內的 name 和 description 當作變數的值
const { name, description } = product;

console.log(name); // iPhone
console.log(description); // 全面創新的三相機系統，身懷萬千本領，卻簡練易用。
```

如下圖所示，物件的解構賦值，會根據等號左側的「變數名稱」，自動去找等號右側 **product** 物件中對應的「屬性名稱」，找得到的時候便會將該屬性的值做為變數值：

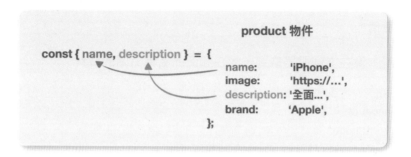

若等號左側的「變數名稱」在右側的 product 物件中並沒有對應的「屬性名稱」時，該變數一樣會被宣告，但其值會是 **undefined**，像是這樣：

```
// 因為在 product 物件中並沒有屬性名稱是 battery，因此 battery 一樣會被
宣告，但其值會是 undefined
const { name, description, battery } = product;
console.log(battery);    // undefined
```

進階：透過解構賦值取出物件中的物件

同時你可能好奇，現在 **product** 物件中還有 **offers** 這個物件，如果要取得 **offers** 物件裡的 **price** 屬性，一樣可以透過解構賦值取出嗎？

答案是可以的，寫法會像這樣：

```
// 取出物件中的物件屬性值
const {
  offers: { price },
} = product;

console.log(price);      // 26,900
console.log(offers);     // ReferenceError: offers is not defined
```

這麼做的話會先定義一個名為 **price** 的變數，它的值會是 **product.offers. price**。但要注意的是，現在就沒有宣告 offers 這個變數了，因此使用 console.log(offers) 時會出現錯誤。

如果同時需要建立 **offers** 和 **price** 這兩個變數，有時會這樣寫。先透過解構賦值先取出 **offers**，接著一樣透過解構賦值再從 **offers** 中取出 **price**：

```
const { offers } = product; // 透過解構賦值先從 product 取出 offers
const { price } = offers;   // 透過解構賦值再從 offers 中取出 price

console.log(price); // 26,900
console.log(offers); // { priceCurrency: 'TWD', price: '26,900' }
```

如此就可以同時取用到 product 物件中的 offers 和 price 屬性。

物件屬性名稱縮寫（Shorthand property names）

另外，在操作物件的過程中，當物件的屬性值是一個變數，而屬性名稱又和該變數名稱相同時可以縮寫，寫出屬性名稱即可。什麼意思呢？來看下面這個例子。

首先定義了三個變數，分別是 **deviceName**、**currentPrice** 和 **storage**，現在想要把這三個變數當成物件 **galaxyNote** 的屬性值，原本會這樣寫：

```
const deviceName = 'Galaxy Note';
const currentPrice = 30900;
const storage = '256G';

const galaxyNote = {
  deviceName: deviceName,
  currentPrice: currentPrice,
  storage: storage,
};

console.log(galaxyNote.deviceName); // Galaxy Note
```

你會注意到在上面 **galaxyNote** 這個物件中，「屬性名稱」和「屬性值的變數名稱」完全相同，這時候可以縮寫成這樣子：

```
// 當物件的「屬性名稱」和當成屬性值的「變數名稱」相同時，可以縮寫成這樣
const deviceName = 'Galaxy Note';
const currentPrice = 30900;
const storage = '256G';

const galaxyNote = {
  deviceName,
  currentPrice,
  storage,
};

console.log(galaxyNote.deviceName); // Galaxy Note
```

陣列的解構賦值

陣列同樣也有解構賦值的寫法，這在 React Hooks 中經常被使用。直接看程式碼會比較清楚，假設伺服器回傳一個陣列中包含各種廠牌的智慧型手機，而且陣列中元素的順序是照當年度銷售排行：

```
const mobileBrands = [
  'Samsung', 'Apple', 'Huawei', 'Oppo', 'Vivo',
  'Xiaomi', 'LG', 'Lenovo', 'ZTE',
];
```

如果想要取得當年度排行前三名的手機，並建立成變數，在沒有使用解構賦值前會需要這樣寫：

```
// 一般從陣列取出元素值並建立新變數的做法
const best = mobileBrands[0]; // Samsung
const second = mobileBrands[1]; // Apple
const third = mobileBrands[2]; // Huawei
```

這時同樣可以使用解構賦值來達到快速建立變數並取值的動作，陣列的解構賦值會依據陣列內元素的順序把值取出來，像是這樣：

```
// 自動建立名為 best、second、third 的變數
// 並把 mobileBrands 陣列中的第一、第二和第三個元素當作變數的值帶入
const [best, second, third] = mobileBrands;

console.log(best); // Samsung
console.log(second); // Apple
console.log(third); // Huawei
```

因此 **mobileBrands** 陣列中的第一個元素會被取出，並取名為 **best**；第二個元素被取出，並取名為 **second**，以此類推：

1-6　展開語法和其餘語法

還有一個同樣經常在 React 中會使用到的語法，稱作「展開語法（Spread Syntax）」和「其餘語法（Rest Syntax）」。這兩個語法的使用時機不同，但在寫程式時是用相同的文字來表達，也就是 ...。

沒錯，就是 ...，這個 ... 同樣可以使用於物件和陣列上。

展開語法（spread syntax）

展開語法最常用在要「複製一個物件，並為該物件新增一些屬性時」，舉例來說，我們先定義智慧型手機的基本屬性：

```
// 定義一個物件
const mobilePhone = {
  name: 'mobile phone',
  publishedYear: '2019',
};
```

接下來如果要複製 mobilePhone 這個物件變成一個新的物件（iPhone），同時新增一些屬性時，可以使用 ... 展開語法，這裡我們新增 name 和 os 這兩個屬性到新的物件中：

```
const iPhone = {
  ...mobilePhone,
  name: 'iPhone',
  os: 'iOS',
};

console.log(iPhone); // { name: 'iPhone', publishedYear: '2019', os:
'iOS' }
```

> **TIPS**
>
> 筆者習慣把「展開語法」的 ... 當作「解壓縮」的概念，就是把原本的物件，解開來，複製一份放進去新的物件裡面，同時還可以新增一些新的屬性。當屬性名稱重複時，新的會把舊的給覆蓋掉。

這裡我們定義了一個新的物件，稱作 iPhone，接著把原本 mobilePhone 的內容全部複製一份進去，最後再新增 name 和 os 這兩個屬性進去。

可以注意到，在原本的 mobilePhone 就已經有 name 這個屬性，後來我們又新增同樣名為 name 的屬性時，就會把原本的 name 給覆蓋掉；而 os 這個屬性，因為在原本的 **mobilePhone** 中沒有這個屬性，所以就會直接被新增到新的 **iPhone** 這個物件內。

展開語法同樣可以用來複製陣列，並在新的陣列中新增元素，像是這樣：

```
/* 展開語法 ( spread syntax ) */

const mobilesOnSale = ['Samsung', 'Apple', 'Huawei'];
const allMobiles = [...mobilesOnSale, 'Oppo', 'Vivo', 'Xiaomi'];

console.log(allMobiles); // [ 'Samsung', 'Apple', 'Huawei', 'Oppo',
'Vivo', 'Xiaomi' ]
```

其餘語法（rest syntax）

其餘語法和展開語法的寫法一樣，都是 **...**，但是使用時機不太一樣，如果說展開語法像是「解壓縮」，那麼其餘語法就像是「壓縮」。它可以把在解構賦值中沒有被取出來的物件屬性或陣列元素都放到一個壓縮包裡。

舉例來說，在前面談到物件解構賦值的時候，從伺服器拿到一大包資料：

```
const product = {
  name: 'iPhone',
  image: 'https://i.imgur.com/b3qRKiI.jpg',
  description: '全面創新的三相機系統，身懷萬千本領，卻簡練易用。',
  brand: 'Apple',
  aggregateRating: {
    ratingValue: '4.6',
    reviewCount: '120',
  },
  offers: {
    priceCurrency: 'TWD',
    price: '26,900',
  },
};
```

雖然我們取出了所需的資料，但其餘剩下沒有取出來的物件屬性仍想要保留下來稍後使用，這時就可以使用其餘語法，把除了 name 和 description 剩下沒有取出來的物件屬性，都放到取名為 other 的變數中（變數名稱可以自己取），如此 other 就會是 product 物件中，扣除掉 name 和 description 屬性後的所有其餘資料。有點類似把除了 name 和 description 之外的屬性都壓縮到 other 這個變數內：

```
// 在物件的解構賦值中使用其餘語法
const { name, description, ...other } = product;
console.log(other);

// other 物件
// {
//   image: 'https://i.imgur.com/b3qRKiI.jpg',
//   brand: 'Apple',
//   aggregateRating: { ratingValue: '4.6', reviewCount: '120' },
//   offers: { priceCurrency: 'TWD', price: '26,900' }
// }
```

其餘語法同樣可以用在陣列中，前面我們有把銷量前三名的手機取出來，那其餘剩下沒被取出來的怎麼辦呢？這時候就可以使用「其餘語法」把剩下的陣列元素全都拿出來，像是這樣：

```
// 在陣列的解構賦值中使用其餘語法

const mobileBrands = [
  'Samsung', 'Apple', 'Huawei', 'Oppo', 'Vivo',
  'Xiaomi', 'LG', 'Lenovo', 'ZTE',
];

// 變數名稱不一定要取名為 other
const [best, second, third, ...other] = mobileBrands;
console.log(other); // [ 'Oppo', 'Vivo', 'Xiaomi', 'LG', 'Lenovo',
'ZTE' ]
```

1-7 模組的匯出與匯入

模組的概念

模組最重要的功能就是讓開發者能夠將程式碼進行分類整理和重複使用，具體來說就是把程式碼根據某些原則進行拆檔的動作。一個完整的應用程式中勢必會包含許多不同的功能，但不同的功能之間卻可能有些操作邏輯是相同的。

為了開發上更容易維護，我們不會把所有功能的程式碼都寫在同一支檔案中，這會使得這支檔案非常龐雜，未來需要修改或調整時，沒辦法很有效率地去找到要修改的地方，甚至有可能改錯地方。因此在模組系統中，我們可以把程式碼片段進行拆檔的動作，像是把首頁畫面的程式碼拆成一支檔案、登入頁面的程式碼再拆成一支檔案，而不是把它全部放在同一支檔案中。透過模組系統，開發者便可以根據需要，依據不同的原則將程式碼進行拆檔與分類的動作。

接著，在不同頁面中也可能會需要使用到相同的功能，例如，網頁中的許多頁面可能都需要使用到「取得使用者會員資料」的這個功能，雖然可以在每個頁面中都撰寫獨立但相同的程式碼去取得使用者的會員資料，但這樣未來若有需要調整時，會發現只是改一個會員資料的功能卻需要動到每一支檔案，顯然比較好的做法是把這個會被共用到的方法獨立拆分成一個檔案，讓這個方法可以在各頁面中透過匯入的方式重複被使用，未來若有需要調整，只需要修改這一支檔案，所有頁面的功能就會連帶更新，而不需要把每支檔案都打開來一一修改。透過模組系統，開發者便可以根據需要，適時的讓程式碼被重複使用而無需重複撰寫。

JavaScript 中不同的模組系統

由於歷史及執行環境實作上不同的緣故，在 JavaScript 中目前主流使用了兩套不同的模組系統，其中一套是在後端伺服器（Node.js）上使用的模組系統，稱作 CommonJS；另一套則是在前端瀏覽器（Browser）上使用的模組系統稱作 ES modules。

> **TIPS**
>
> 一般能夠運行在電腦主機上的 JavaScript 稱作 Node.js。原本 JavaScript 是只能在瀏覽器環境上運行，沒辦法離開瀏覽器獨立運作。後來透過 Google Chrome 提供的 V8 引擎，開發者只需要在電腦上安裝 Node.js 後就可以讓 JavaScript 獨立運行於電腦上，自此 JavaScript 從瀏覽器中解放出來，並提供許多與伺服器有關的功能可以使用，開始可以做為後端伺服器程式語言的選擇之一。

因為 React 是屬於前端框架，也就是會在瀏覽器上執行的，所以使用的模組系統即是 ES modules。這裡我們將針對 ES modules 的使用來進一步說明。ES modules 的全名是 ECMAScript modules，沒錯，與之前我們講 ES6 時談到的 ECMAScript 是相同的，而這套模組系統所使用的語法也同樣被定義在 ES6 中。

> **TIPS**
>
> 為了解決 JavaScript 開發者常需要在兩套不同模組系統中切換語法，Node.js 目前也支援 ES module 的模組語法可以使用，但本書撰寫時此功能仍屬於實驗性質。

在 ES module 中要把程式碼片段匯出只需要使用 export 這個關鍵字，在另一支檔案匯入時則使用 import 這個關鍵字。

實名匯出（Named Export）

▶ 直接定義變數並匯出

舉例來說，透過 export 可以直接定義變數並匯出：

```javascript
// 在 utils.js 這支檔案直接定義變數並匯出
export const deviceName = 'iPhone';
export const price = 24900;
export const logPrice = (price) => {
  console.log('price: ', price);
};
export function logDeviceName(deviceName) {
  console.log(deviceName);
}
```

在其他檔案匯入時，只需要使用 **import { 變數名稱 } from '< 檔案路徑 >'**
即可使用匯出的變數，例如：

```javascript
import { deviceName, price, logPrice, logDeviceName } from './utils';

console.log(deviceName, price);
logPrice(1000); // price: 1000
```

> **TIPS**
>
> 匯入的變數名稱需要和匯出時相對應

▶ 先定義好變數再匯出

另外我們也可以先把變數都定義好，在檔案最後的地方把要匯出的變數執行
export{}，例如：

```javascript
const deviceName = 'iPhone';
const mobilesOnSale = ['Samsung', 'Apple', 'Huawei'];
const offers = {
```

```
  priceCurrency: 'TWD',
  price: '26,900',
};
const logPrice = (price) => {
  console.log('price: ', price);
};
function logDeviceName(deviceName) {
  console.log(deviceName);
}

export {
  deviceName,
  mobilesOnSale,
  offers as productDetail, // 匯出時可以透過 as 進行名稱的修改
  logPrice,
  logDeviceName,
};
```

這裡我們除了匯出之外，還透過 **as** 將原本匯出的變數 **offers** 改名為
productDetail。

TIPS

要特別留意這裡 export 後的大括號並不是物件，而是匯出用的語法，千
萬不要在裡面使用 key-value 這樣的寫法！

匯入時同樣只需要根據匯出時的變數對應使用 **import{}** 即可，另外在
import 時，一樣可以透過 **as** 修改匯入後到檔案中的變數名稱：

```
import {
  deviceName as device, // 也可以透過 `as` 修改匯入後到檔案中的變數名稱
  productDetail, // 要用匯出時的名稱
} from './utils';

console.log(device, productDetail);
```

預設匯出（default export）

最後一種很常見的匯出方式稱作預設匯出（default export），從上面實名匯出的例子中可以看到，匯入時的變數名稱需要和匯出時相對應，隨便取名的話會無法取得對應的變數，因此開發者一定要很清楚匯出的變數有哪些才能進行匯入。但如果我們希望讓開發者可以直接匯入，不用先去管匯出的變數有哪些的話，則可以使用預設匯出的方式。

預設匯出的語法是在 **export** 後加上 **default**，**default** 後則直接帶入你想要匯出的東西即可，例如：

```
// utils.js
export default ['Samsung', 'Apple', 'Huawei'];
```

匯入的時候可以自己隨意取名，這裡我們取做 **brands**，就可以直接使用：

```
import brands from './utils';


console.log(brands);
```

要特別留意的是，和實名匯出不同，如果你在 **export default** 後接的是 **{}**，這個 **{}** 表示的就是物件，裡面放的就會是物件的屬性名稱和屬性值，因此不能再用 **as** 去修改名稱，例如：

```
// utils.js
const deviceName = 'iPhone';
const mobilesOnSale = ['Samsung', 'Apple', 'Huawei'];
const logPrice = (price) => {
  console.log('price: ', price);
};

// export default 後直接帶入要匯出的東西
// 這裡是會直接匯出「物件」，因此不能在裡面使用 "as" 語法
export default {
  deviceName, // deviceName: deviceName 的縮寫
```

```
  mobilesOnSale, // mobilesOnSale: mobilesOnSale 的縮寫
  logPrice, // logPrice: logPrice 的縮寫
};
```

匯入時也會是一個物件，若要使用裡面的資料，需要使用物件的方式來操作：

```
// myPhone 會是物件
import myPhone from './utils';

// 透過物件的方式操作
console.log('Device:', myPhone.deviceName);

// 也可以透過解構賦值將需要的屬性取出
const { logPrice } = myPhone;

logPrice(24900);
```

TIPS

一支檔案最多只會有一個 export default，另外雖然實名匯出和預設匯出可以在一支檔案中同時使用，但一般不太建議這麼做。

1-8　這些語法全都要會才能往下看嗎

如果上面提到許多 JavaScript 語法，你都覺得非常陌生的話先不會擔心，因為如果你是第一次吸收這些語法的話，一次塞這麼多東西反而會很難吸收。

既然它們被稱作「React 中一定會用到的 JavaScript 語法」，表示之後你一定還會碰到這些語法，你可以大概翻閱先知道有這個東西就好，目的是讓你後來看到的時候，知道要回來找哪篇的內容。等到後面開始實作 React 的時候，再來搭配查詢閱讀就可以了。

另外，也可以適時的搭配 Google 搜尋，使用「關鍵字 + MDN」進行查詢：

MDN 的全名是 Mozilla Developer Network，Mozilla 也是開發 Firefox 瀏覽器的基金會，這個網站中的內容可以視為是 JavaScript 語法的官方文件和百科全書，在這裡可以找到各式各樣和網頁開發有關的語法和教學文章。

React Hooks 起來：
useState 與 JSX 的使用

2-1　在沒有 React 以前…，用原生 JavaScript 做一個簡單的計數器

在開始學習 React 以前，我們先來用原生的 JavaScript 來完成一個簡單的計數器，順便複習一下 JavaScript 和 DOM 事件的操作。在後面的單元中，我們會再把這個這個計數器改成用 React 來寫，這麼做的目的是讓你感受使用原生 JavaScript 寫和用 React 寫這兩者差別，體會 React 幫前端工程師解決了什麼樣的痛點。

本章節 Github 說明頁

在這個章節中，將會使用 CodePen 這個線上編輯器來完成，所有的程式碼也都會放在 CodePen 上可供檢視，但為了避免使用者需要手動輸入網址這個麻煩的過程，筆者把所有本章節會使用到的連結、程式碼片段、或是其他的補充說明，都放到本章節 Github 的說明頁上：

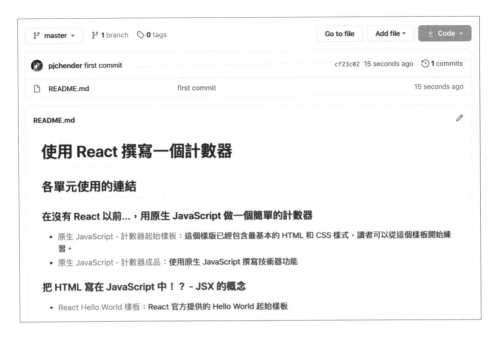

因此當讀者在閱讀本章的每一單元前，可以先到本章節的 Github 說明頁：

https://github.com/pjchender/learn-react-from-hooks-counter

完成一個簡單的計數器畫面

我們先用 CodePen 完成一個簡單計數器的畫面。

首先在 HTML 的部分主要分成三個部分，分別對應到畫面上的「向上箭頭」、「數字」、「向下箭頭」，因此這裡用三個 div 來區分：

```
<!-- HTML -->
<div class="container">
  <!-- 向上箭頭 -->
  <div class="chevron chevron-up"></div>
  <!-- 數字 -->
  <div class="number">
    256
  </div>
  <!-- 向下箭頭 -->
  <div class="chevron chevron-down"></div>
</div>
```

由於畫面和樣式的調整並不是這本書的重點，所以這裡會很快地說明 HTML 結構，CSS 的部分大家則可以直接透過下方提供的 CodePen 連結打開即可（亦可直接點擊 Github 說明頁的「原生 JavaScript - 計數器起始樣板」），我們已經把 HTML 和 CSS 的部分都建立好了，大家只需要專注在 JavaScript 的部分即可：

https://codepen.io/PJCHENder/pen/OJMyGmK

這時候你應該就可以看到頁面上出現計數器的畫面。

如果你想要用一個「完整的頁面」來檢視目前的畫面，可以在 CodePen 右上方點選「Change View」之後按下「Debug mode」：

這時會跳出一個獨立的頁面，如果有需要 Debug 的話，使用這個 Debug 頁面較不會被 CodePen 中的其他元素所干擾，因此也更容易找到元素在網頁中的位置。另外，你只需要按下儲存，這個頁面就會保存一份在你的 Dashboard 中了。

讓計數器動起來

現在已經完成了計數器的畫面，接著我們希望當使用者點擊「向上箭頭」的時候數字增加，當使用者點擊「向下箭頭」的時候數字減少，可以怎麼做呢？

你可以先花 5～10 分鐘的時間試著嘗試看看，這裡會用到的幾個關鍵字包括 querySelector、addEventListener。如果嘗試了 10 分鐘還沒做出來的話，也不用氣餒，回憶一下你剛剛試著用什麼方法解決這個問題，然後繼續看一下去可以怎麼做。

因為使用者點擊滑鼠的時候要改變數字，所以勢必要去監聽使用者對於「箭頭」的「點擊事件」，因此：

1. 先透過 querySelector 去選到「箭頭」的元素（即，upElement 和 downElement）
2. 使用者「點擊」箭頭後要更新網頁中的數字部分，因此一樣透過 querySelector 去選到「數字」元素（即，numberElement）
3. 透過 addEventListener 監聽使用者的點擊事件（click）
4. 在增加或減少網頁上的數字前，要先知道「當前網頁上的數字」是多少，這裡可以透過 numberElement.textContent 取得，同時這裡因為取得的數字是字串，所以需先透過 Number() 方法，將字串轉成數值，以便進行加減。
5. 當前網頁上的數值（currentNumber）進行加減後，透過 textContent 給回修改後的數字。

```javascript
// JavaScript
// STEP 1: 透過 querySelector 選擇到 HTML 中的「箭頭」元素
const upElement = document.querySelector('.chevron-up');
const downElement = document.querySelector('.chevron-down');

// STEP 2: 透過 querySelector 選擇到 HTML 中的「數字」元素
const numberElement = document.querySelector('.number');

// STEP 3: 監聽 click 事件，並執行對應的行為
upElement.addEventListener('click', (e) => {
  // STEP 4: 取得當前網頁上的數字
  const currentNumber = Number(numberElement.textContent);

  // STEP 5: 將數字增加後帶回網頁上
  numberElement.textContent = currentNumber + 1;
});
```

```
downElement.addEventListener('click', (e) => {
  const currentNumber = Number(numberElement.textContent);
  numberElement.textContent = currentNumber - 1;
});
```

如此，就可以在使用者點擊按鈕之後讓計數器產生對應的變化。完成之後按下儲存，這個頁面就會保存在你的 Dashboard 中了。

換你了！ 用原生 JavaScript 撰寫簡易的計數器

現在，請你參考上面的步驟，用原生的 JavaScript 完成計數器的功能吧！

完整的程式碼和畫面可以點擊 Github 說明頁上的「原生 JavaScript - 計數器成品」連結，或透過 QR Code 一樣可以到相同的網址查看：

https://codepen.io/PJCHENder/pen/VwevJrz

在沒有 React 以前

從這個練習中我們可以留意到，在沒有 React 或其他前端框架之前：

- 如果要處理 DOM 事件（例如，點擊），會需要先透過 JavaScript 選到特定的 HTML 元素後，再透過綁定事件的方式（即，**addEventListener**）來針對畫面進行直接的修改。
- 如果想要變更畫面，同樣需要先透過 JavaScript 選擇了某個 HTML 元素後（即，**document.querySelector()**），才針對這個元素進行修改和操作。

一般當畫面需要變更的資料不多時，透過這種方式確實沒什麼問題，但若我們的畫面中有許多部分都能夠根據使用者的互動去做對應的變化時（例如，Instagram 上有許多貼文都能點擊按愛心），每次都要先選到特定元素，接著才能去綁定事件並修改畫面的動作會變得非常繁瑣，除了程式碼會越來越難以維護之外，直接對畫面進行許多操作也可能會導致效能變差。

那麼，透過 React 可以怎麼幫我們解決這樣的問題呢？讓我們繼續閱讀下去吧。

▶ 補充：調整成自己喜歡的 CodePen 設定

透過 CodePen 的設定，可以將程式編輯的畫面調整成自己偏好的樣式。方式是點擊右上角的頭像後，點選「Setting」：

這裡面可以進行許多不同的偏好設定，你可以選擇喜歡的佈景主題、字型、字體大小、縮排長度等等：

▶ 參考

- 計數器畫面由 Oleg Frolov 所設計，可參考 https://dribbble.com/shots/ 5539678-Stepper-VI
- 畫面中的圖示來自 FontAwesome (https://fontawesome.com/icons)

2-2 把 HTML 寫在 JavaScript 中！？ —— JSX 的概念

在前一個單元中我們完成了一個簡單的計時器頁面，感覺用原生的 JavaScript 來寫計數器並不會太過複雜，我們只需要在特定的 HTML 元素上使用 **addEventListener** 去監聽事件，再透過 **textContent** 去修改元素內的文字內容就可以了。這麼說起來，我們為什麼需要透過 JSX 去把 HTML 寫在 JavaScript 內呢？

為什麼需要 JSX

以前 Nokia 的有一句經典的話，叫做「科技始終來自於人性」。

這句話同樣適合用在前端技術的演進上，多數新技術的推出都是因為在當時有新的需求或需要解決的問題，事後學習這些技術的我們，可能不會知道當時的人為什麼要用這種寫法或使用這類工具，所以如果你在學習的過程中，對這些新技術或工具感到困惑的話，不妨可以試著去查查這些工具或方法當時想要解決的是什麼問題，在學習上比較不會那麼納悶為什麼有這麼多看起來有的沒的東西。

雖然昨天透過 JavaScript 來修改網頁內容的做法看起來並不會太複雜，但這是因為現在我們只需要改變網頁上的一個內容（即，計數器的數字），假設現在網頁上有非常多的內容是需要透過 JavaScript 來替換的話，這個動作會變得非常繁瑣。舉例來說，在 iThome 的個人資料裡有許多不同的欄位，包括「帳號名稱」、「累積瀏覽數」、「追蹤數」、「發問次數」、「文章發布數」、....。

假設這些資料不是一開始就透過網頁伺服器產生好，而是透過 AJAX 向後端拉取資料後才要放進去網頁時，要把這些欄位一個一個換掉就會變得相當麻煩，需要先一個又一個選到該 HTML 元素，再一個又一個把它們換掉。

透過 JSX 等於我們可以直接把 HTML 放到 JavaScript 中去操作，不再需要先用 querySelector 去選到該元素後才能換掉，而是可以在 HTML 中直接帶入 JavaScript 的變數。

除此之外，如果現在希望某個使用者的「最佳解答」超過一定數目就在個人資料中額外出現一個獎勵標章時，透過 JSX 這種把 HTML 寫在 JavaScript 中的方式，就可以直接使用 **if** 判斷式。它的好處還不只這些，後面我們會再逐一提到，讓我們先來看看如何用 JSX 寫一個超簡單的 Hello World 吧！

簡單的說，在 JSX 的加持之下，讓開發者可以把 JavaScript 內的用法與程式邏輯，直接套用到 HTML 的元素上，就是一個「強化版 HTML」的概念！

用 JSX 寫 Hello World

再把原本的計數器改成 JSX 的寫法之前，我們先來看一個非常簡單的 JSX 範例，這是 React 官方提供的 Hello World 樣板。請你在 Github 說明頁點擊「React Hello World 樣板」的連結，或打開下面這個 CodePen 連結：

https://codepen.io/PJCHENder/pen/bGbMQQw

內容很精簡，在 HTML 的部分就是單純的一個 `<div>` 而已：

```
<div id="root"></div>
```

在 JavaScript 的地方，會先使用 document.getElementById 來選取 HTML DOM 元素，這裡選取 id = "root" 的元素，並把它取名為 rootNode。接著使用 ReactDOM.createRoot() 這個語法，參數中要放入的是希望 React 要把內容放到哪一個 HTML 元素上，這裡因為是希望把要 render 的內容放到 id = "root" 的 HTML 元素上，因此把 rootNode 放入參數中，並把呼叫 createRoot 的回傳值取名做 root。

最後，只需要呼叫 root.render()，在參數中放入 JSX 的內容就可以看到畫面上出現 "Hello, world!" 了，而這裡的 JSX 看起來其實就和直接寫 HTML 一樣。

```
// JavaScript
// 選取出一個 DOM element
const rootNode = document.getElementById('root');

// 告訴 React 要把內容 render 在哪個 DOM element 內
const root = ReactDOM.createRoot(rootNode);

// 告訴 React 要 render 的內容是什麼
root.render(<h1>Hello, world!</h1>);
```

所以最後出來的畫面就會是：

可以在 `<div id="root">` 的元素中看到寫在 JavaScript 中 JSX 的內容。

什麼是 JSX

相信許多人一開始聽到學 React 之前要先學 JSX 就望之卻步，默默想說那還是以後再來看好了 ...。但現在回頭來看什麼是 JSX，以上面的例子來說，這個部分就是 JSX：

```
JS (Babel)
1   // 選取出一個 DOM element
2   const rootNode = document.getElementById('root');
3
4   // 告訴 React 要把內容 render 在哪個 DOM element 內
5   const root = ReactDOM.createRoot(rootNode);
6
7   // 告訴 React 要 render 的內容是什麼
8   root.render(<h1>Hello, world!</h1>);
9
```

你可能好奇，阿這不就只是 HTML 嗎？

沒錯，JSX 簡單來說，就是把你已經知道的 HTML 放到 JavaScript 內，但同時因為它被放在 JavaScript 中，所以可以使用 JavaScript 中提供的各種語法，例如之後我們會在 JSX 這裡面放入 JavaScript 的變數、執行條件判斷式、進行迴圈等等。你可以把 JSX 看成是一個增強版的 HTML，讓我們可以用更簡便的方法對 HTML 進行修改和操作。

簡單的說，在 JSX 的加持之下，開發者可以把 JavaScript 內的用法與程式邏輯，直接套用到 HTML 的元素上，就是一個「強化版 HTML」的概念！

記得載入 React 和 ReactDOM 套件

這裡你可能會好奇，為什麼可以直接在 JavaScript 中使用 `ReactDOM.createRoot` 這個方法，而且可以直接在裡面就開始撰寫 JSX 呢？這是因為，在剛剛 React 提供的這個「Hello World 樣板」中，已經幫我們在 CodePen 中載入所需的套件了，你可以點選 JavaScript 側邊欄中的齒輪後：

在點開齒輪來看之前，看到有使用了名為 **Babel** 的 JavaScript 前處理器（Preprocessor），主要是因為 JavaScript 這幾年更新的非常快速，有些最新的語法部分瀏覽器可能尚未支援，而 Babel 就是用來讓最新的 JavaScript 語法可以支援在不同版本的瀏覽器上運行。

TIPS

Babel 有另外提供名為 @babel/standalone 的套件，讓開發者也可以在網頁中透過 <script> 直接載入 Babel 使用，但一般來說，正式產品開發時還是會在電腦上透過 Babel 把 JavaScript 程式碼進行編譯處理，而不是等到使用者瀏覽到該頁面時才做編譯的動作。

接著點開齒輪後，看到這個 Hello World 樣板中，已經預先載入兩個 JavaScript 套件，分別是 React 和 ReactDOM 這兩個套件。其中 React 這個套件就可去解讀 JSX 的內容，而 ReactDOM 則可以讓所撰寫的內容，放置到特定 HTML DOM 中的元素上。

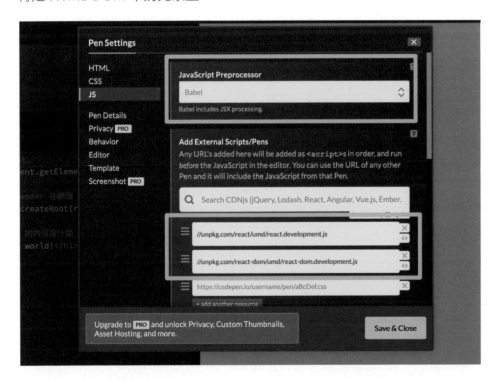

也就是因為這裡有預先載入了 React 和 ReactDOM 這兩個套件，所以我們的 JSX 才能被正確解析，也才能把 HTML 放到 JavaScript 中使用。

前面我們有提到，JSX 就像是威力加強版的 HTML，因此勢必會提供我們更多實用的功能，在後面的單元中，我們會再陸續看到可以怎麼運用 JSX 來增加許多單純用 HTML 做不到的功能。

2-3 在 JSX 中帶入變數與表達式

在上一個單元中，我們打開了 React 的 Hello World Template，並且知道透過 React 和 ReactDOM 這兩個套件，可以幫我們把 JSX 的內容呈現在網頁上。現在，既然我們已經可以把 HTML 的內容寫在 JavaScript 中，自然就可以把 JavaScript 的變數直接帶入 JSX 中。

要把 JavaScript 的變數帶入到 JSX 中，只需要在 JSX 中把 JavaScript 變數用 **{ }** 大括號包起來就可以了。

以下面的例子來說，**word** 被 **{}** 包起來，所以這裡的 **word** 就是 JavaScript 的變數：

```
<h1>Hello, {word}</h1>
```

如果在原本的 Hello World Template 想要帶入 JavaScript 變數的話，就可以這樣做：

```
const word = 'React';

const rootNode = document.getElementById('root');
const root = ReactDOM.createRoot(rootNode);
root.render(<h1>Hello, {word}!</h1>);
```

就可以把 **word** 這個變數帶入 HTML 內了，是不是蠻容易的呢！

除了直接放入 JavaScript 的變數之外，在 JSX 中的 **{}** 內還可以放入 JavaScript 表達式（expression），「表達式」簡單來說就是當你輸入一段程式碼後，會直接得到一個回傳值的這種。你可以在瀏覽器的 **console** 視窗中測試看看，例如當直接輸入字串、**1 + 3**、**a = 3** 或 **3 > 2** 時，甚至是呼叫某個帶有回傳值的函式時，console 都會直接有回應的這種情況，就是表達式：

相較於表達式的另一種是叫做陳述句（statement），這種語法是輸入了之後不會直接得到一個回傳值，像是 **if...else, for** 迴圈等等這類，都是屬於陳述句。陳述句是不能放在 JSX 的 **{}** 內的，因為沒有回傳值，畫面上將會不知道要呈現什麼內容。

> **TIPS**
>
> 表達式（expression）指的是輸入之後會得到回傳值的語法；陳述句（statement）則不會有回傳值。在 JSX 的 {} 中，可以放入表達式，這個表達式的回傳值就會直接呈現在畫面上。

另外，像是下面程式碼中的 salePrice 函式，因為在計算後會有回傳值，因此同樣可以直接放入 **{}** 內。

```
const deviceName = "Galaxy Note";
const currentPrice = 31900;
const salePrice = (currentPrice, discount) => currentPrice * discount;

const rootNode = document.getElementById('root');
const root = ReactDOM.createRoot(rootNode);

// JSX 中，可以在 {} 內放入表達式（expression）
root.render(
  <h1>
    現在 {deviceName} 的售價是 ${currentPrice}，特價 $
    {salePrice(currentPrice, 0.85)}
  </h1>
);
```

你可以到下面的連結觀看完成的畫面，或在 Github 說明頁點擊「在 JSX 中使用變數與表達式」的連結，並且可以自己練習看看把變數或表達式帶入 JSX 中：

https://codepen.io/PJCHENder/pen/zYrrWEx

換你了！ 練習把計數器放到 JSX 中

現在你可以先試試看，把在上一個單元中用原生 JavaScript 做的計數器，其中 HTML 的部分搬到 JSX 中，讓畫面可以呈現出來就好，還不需要加入 JavaScript 這類事件監聽的功能。不管最後有沒有完成，花個 5 分鐘嘗試看看，我們會在下一個單元繼續完成它。

▶ 補充：Fork 功能

在程式中 Fork 的意思指的就是複製一份給自己的意思，而 CodePen 也有提供了 Fork 的功能，因此在練習的時候，你可以先從提供的樣版「Fork」一份出來再自己修改與存檔：

2-4 將計數器改用 JSX 來寫

在這個單元中，我們會把先前用原生 JavaScript 寫的計數器，除了將 HTML 的部分改為 JSX 來實作，更進一步學習如何在 JSX 中帶入 CSS 樣式，本單元完成後的畫面會像這樣：

現在你可以從本章節在 Github 上的說明頁點擊連結「React Hello World 樣板」，或透過下方連結打開網頁，接著透過 CodePen 的 Fork 功能，複製一份 React Hello Word 的樣板，開始這個練習。

https://codepen.io/PJCHENder/pen/bGbMQQw

把 HTML 部分放入 JSX 中

我們先把計數器中 HTML 的部分複製到 JSX 的區塊中，在 JavaScript 的區塊會像這樣子：

```
const rootNode = document.getElementById('root');
const root = ReactDOM.createRoot(rootNode);

root.render(
  <div class="container">
    <div class="chevron chevron-up"></div>
    <div class="number">
      256
```

```
      </div>
      <div class="chevron chevron-down"></div>
   </div>
 );
```

另外，既然是在 JavaScript 中，我們也可以把寫在 JSX 中 HTML 的部分定義成一個變數，將 JSX 放入 () 中，像是這裡可以把它定義為 **Counter**，然後再把這個變數放到 `ReactDOM.createRoot()` 中：

```
const rootNode = document.getElementById('root');
const root = ReactDOM.createRoot(rootNode);

// JSX 的內容可以放到 () 內當成變數
const Counter = (
  <div class="container">
    <div class="chevron chevron-up" />
    <div class="number">
      256
    </div>
    <div class="chevron chevron-down" />
  </div>
);
root.render(Counter);
```

既然可以把 HTML 抽成變數，有沒有覺得很神奇呀！

載入 CSS 樣式

接下來只需要把在原生 JavaScript 計數器（Github 說明頁點擊連結「原生 JavaScript - 計數器成品」）中，當時使用的 CSS 複製進剛剛 Fork 過來的專案，應該就可以看到計速器已經套上樣式了

現在雖然我們從 CodePen 看畫面都正常，撰寫的 CSS 樣式也都有出來，但實際上透過 CodePen 上的 `console` 視窗，或用瀏覽器內建的開發者工具打

開 console 視窗都會看到一個錯誤訊息：

Warning: Invalid DOM property `class`. Did you mean `className`?

關於這個問題，我們會在下一個單元中再繼續說明如何正確的在 JSX 中使用 CSS 樣式。

換你了！ 載入 HTML 和 CSS 樣式到 React 專案中吧

現在要請你從 Fork 一份「React Hello World 樣板」，撰寫 HTML 的部分，並複製「原生 JavaScript - 計數器成品」當中的 CSS 的部分到本單元的練習中。若實作上有碰到任何問題，可以到下面的 CodePen 連結觀看，或同樣於 Github 專案說明頁點擊連結「React 計數器 - JSX 部分」：

https://codepen.io/PJCHENder/pen/WNrxEBe

⊙ 補充：JSX 中標籤內如果沒有內容的話可以自己關閉

在 HTML 中大多數的元素都會有一個關閉的標籤，例如 `<div>` 會有一個對應的 `</div>` 來表示結束，即時這個 div 區塊中沒有任何內容也會使用一個關閉的標籤。但在 JSX 中當開始和結束的標籤（tag）之間沒有任何內容的時候，就可以把它自己關閉（self closing tag）起來，也就是在開頭的 HTML 標籤最後加上 / 即可，結尾的 HTML 標籤即可移除，舉例來說 `<div></div>`，因為開頭和結尾的 HTML 標籤之間沒有任何內容，因此在 JSX 中會變成 `<div />`。

回到計數器的例子中，因為箭頭這區塊中並沒有放入任何內容：

```
<div class="chevron chevron-up"></div>
<div class="chevron chevron-down"></div>
```

因此可以自己關閉起來，變成：

```
<div class="chevron chevron-up" />
<div class="chevron chevron-down" />
```

> **TIPS**
>
> 在原本的 HTML 中，大多數的 HTML 標籤即使沒有內容也不能直接自己使用 / 關閉起來，除了部分稱作 Empty element 的標籤，在這些標籤中，原本就不會包含有內容，這些元素像是 `<img />`,`<hr />`,`<br />`, `<input />` 等等。

2-5 在 JSX 中套用 CSS 樣式

在上一個單元中雖然已經可以看到帶有 CSS 樣式的畫面，但透過 CodePen 上的 console 視窗，或用瀏覽器內建的開發者工具打開 console 視窗都會看到一個錯誤訊息：

```
Warning: Invalid DOM property `class`. Did you mean `className`?
```

現在就讓我們來看怎麼解決這個錯誤訊息，還有如何在 JSX 中正確使用 CSS 樣式的方法。

使用 CSS class 樣式

之所以會有這個錯誤訊息，是因為在 JavaScript 中，class 本身就已經是個關鍵字，它主要是用來定義類別（class）用的，因此為了避免踩到 JavaScript 的這個關鍵字，需要把在 JSX 中會把原本 HTML 中使用的 class="" 都改用 className=""，因此程式碼會變成：

```
const rootNode = document.getElementById('root');
const root = ReactDOM.createRoot(rootNode);

// 在 JSX 中使用 CSS class
// 避免關鍵字衝突，在 JSX 中把原本的 CSS class 都改成用 className
const Counter = (
  <div className="container">
    <div className="chevron chevron-up" />
    <div className="number">
      256
    </div>
    <div className="chevron chevron-down" />
  </div>
);

root.render(Counter);
```

如此錯誤訊息就會消失了。

使用 inline-style（行內樣式）

如果我們需要在 JSX 中撰寫 CSS inline-style 的話，可以在 HTML 標籤內的 **style** 屬性中以帶入「物件」的方式來完成。

在前面我們有提到，在 JSX 中可以使用 {} 來帶入變數，當我們想要撰寫 inline-style 時，就可以在 **<div style={} >** 的 {} 中放入「物件」；物件的屬性名稱會是 CSS 的屬性，但會用「小寫駝峰」來表示；屬性值則是 CSS 的值，具體的寫法會像這樣：

```
// 定義 inline-style 行內樣式
const someStyle = {
  backgroundColor: white,
  fontSize: '20px', // 也可以寫 20，引號和 px 可以省略
  border: '1px solid white',
  padding: 10, // 省略 px，樣式會自動帶入單位變成 '10px'
};


// 在 style 中帶入物件，即可撰寫出 inline-style
const SomeElement = <div style={someStyle} />;
```

這裡我們可以注意到：

- 屬性名稱都會以小寫駝峰命名，例如 **backgroundColor** 和 **fontSize**
- 要記得這是 JavaScript 物件，所以當你想要直接使用顏色時，要使用字串的方式表示，所以使用 **"white"** 時有用雙引號包起來
- 屬性值預設會以 px 為單位，所以 **padding: 10** 指的就是 **"10px"**；同樣的，**fontSize: "20px"** 可以縮寫成 **fontSize: 20**
- 要記得這是 JavaScript 物件，所以每個屬性的最後是使用 **,** 而不是 **;** 來做換行

以計數器的範例來說，可以先定義一個名為 **shadow** 的物件，裡面放入
CSS，接著再把它帶入 JSX 的 **style** 屬性中，像是這樣：

```
// 定義 inline-style 行內樣式
const shadow = {
  boxShadow: 'rgb(20, 76, 128) 0px 0px 10px 10px',
  padding: 20, // 省略 px，樣式會自動帶入單位變成 '20px'
};

// 在 style 中帶入物件，即可撰寫出 inline-style
const Counter = (
  // 將行內樣式帶入 `style` 內
  <div className="container" style={shadow}>
    <div className="chevron chevron-up" />
    <div className="number">256</div>
    <div className="chevron chevron-down" />
  </div>
);
```

如此就可以套用行內樣式：

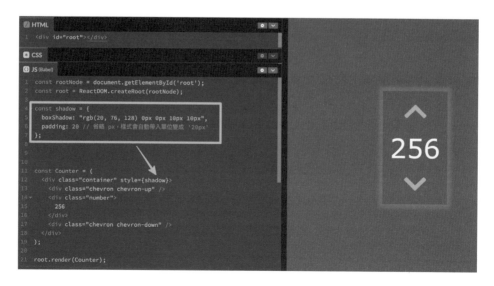

許多時候，開發者可能不會先定義一個 inline-style 的物件，接著才放入 JSX 的 style 屬性內，而是直接把 inline-style 這個物件寫在 **style={}** 的 **{}** 內，所以你會看到 **style={{...}}** 這樣的寫法，一開始看到兩個大括號 **{{ }}** 會有些不太習慣，但實際上就只是在 **style={}** 的 **{}** 內再放入一個物件而已，像是這樣：

```
// 在 JSX 中使用行內樣式
// 在 style 屬性中直接帶入物件
<div
  className="number"
  style={{
    color: '#FFE8E8',
    textShadow: '2px 2px #434a54',
  }}
>
  256
</div>
```

換你了！ 調整成你自己喜歡的樣式吧

在這個單元中主要說明了如何在 JSX 中正確套用 CSS class 和行內樣式的方法，若實作上有碰到問題的話，可以到下方的連結檢視完整的程式碼，或點擊 Github 明頁上的「在 JSX 中套用 CSS Class」連結：

 https://codepen.io/PJCHENder/pen/pogybWq

這個單元中套用的 CSS 樣式主要是作為說明使用，後續的改寫將不會繼續套用這些樣式，但如果你對於畫面有自己的想法的話，現在是你自己動手改寫的時候了！

2-6 建立第一個 React 元件

在 React 中，除了把 JSX 當成一個變數 JavaScript 變數直接傳遞之外，更常見的是把 JSX 的內容包成一個 React 元件，至於要怎麼把 JSX 包成 React 元件呢？

在本單元中將會說明如何使用函式來建立 React 元件，完成後的畫面會像這樣子：

建立 React Component

關於這點，其實你早就會了，就是建立一個函式把 JSX 的內容回傳出來而已。像這樣，我們就建立了一個名為 **Counter** 的 React 元件：

```
// 建立一個名為 Counter 的 React 元件
const Counter = () => {
  return (
    <div className="container">
      <div className="chevron chevron-up" />
      <div className="number">256</div>
      <div className="chevron chevron-down" />
    </div>
  );
};
```

React 是不是很簡單啊～

另外在箭頭函式（arrow function）中，當該函式只是單純回傳某一值時，可以把要回傳的內容直接放到 => 後面而不用額外再寫 **return**，因此會精簡成這樣：

```
// 建立一個名為 Counter 的 React 元件
```

```
const Counter = () => (
  <div className="container">
    <div className="chevron chevron-up" />
    <div className="number">256</div>
    <div className="chevron chevron-down" />
  </div>
);
```

> **TIPS**
>
> 這裡使用函式所建立出的 React 元件，稱作 Function Component，
> 而稍後單元中談到的 React Hooks 也只能在 Function Component 中
> 使用。在還沒有 React Hooks 以前，則常會以 class 的方式來建立元
> 件，稱作 Class Component。

使用 React Component

原本我們是在 **root.render()** 中的第一個參數放入 JSX，現在只需把剛剛建
立好的 React 元件當成一個 HTML 標籤（**<Counter />**）放進去就可以了，
像是這樣：

```
const rootNode = document.getElementById('root');
const root = ReactDOM.createRoot(rootNode);

const Counter = () => (
  <div className="container">
    <div className="chevron chevron-up" />
    <div className="number">
      256
    </div>
    <div className="chevron chevron-down" />
  </div>
);
```

```
// 使用 <Counter /> 來帶入元件
root.render(<Counter />);
```

你會發現這麼做和原本建立變數後帶進去的寫法差異不大：

```
1  const rootNode = document.getElementById('ro        1  const rootNode = document.getElementById('
2  const root = ReactDOM.createRoot(rootNode)          2  const root = ReactDOM.createRoot(rootNode)
3                                                      3
4  const Counter = (                                →  4+ const Counter = () => (
5    <div className="container">                      5    <div className="container">
6      <div className="chevron chevron-up" />         6      <div className="chevron chevron-up" />
7      <div className="number">                       7      <div className="number">
8        256                                          8        256
9      </div>                                         9      </div>
10     <div className="chevron chevron-down" /        10     <div className="chevron chevron-down"
11   </div>                                           11   </div>
12 );                                                 12 );
13                                                    13
14 root.render(Counter);                           →  14+ root.render(<Counter />);
```

為什麼使用元件

你可能會好奇把原本的 HTML 包成一個 React 元件有什麼好處呢？假設現在
碰到一個情況，是需要一個頁面中同時需要很多個計數器的話，像是下圖這
樣，可以怎麼做呢？

我們當然可以複製同樣的 HTML 到程式碼中，但因為原本的 JavaScript 都是
透過 querySelector 來選到 DOM 元素後再對不同的元素去監聽事件和改
變數值，因此當我們直接複製三次時，因為 **querySelector** 會選到重複的
元素，所以我們必須要再去修改程式碼才能讓這三個計數器都擁有正常的功
能。簡單來說，用原生 JavaScript 來寫絕對做得到，但就是比較麻煩。

而元件的好處在於讓開發者可以輕鬆的重複使用這些元件，當我們需要三個
計數器時，只需要使用三次 **<Counter />** 就可以了，像是這樣：

```
const Counter = () => (
  <div
    className="container"
    style={{
      margin: '0 30px',
    }}
  >
    <div className="chevron chevron-up" />
    <div className="number">256</div>
    <div className="chevron chevron-down" />
  </div>
);

root.render(
  <div style={{ display: 'flex', justifyContent: 'space-between' }}>
    <Counter />
    <Counter />
    <Counter />
  </div>
);
```

透過元件除了可以幫助開發者根據每個元素的功能去做切割分類以提高維護
性外，很重要的還包括元件讓開發者可以建立可被重複使用的 HTML 元素、
樣式或操作邏輯，當未來需要修改的時候，你不需要在到每支檔案去做修
改，只需要修改這個被共用到的元件即可。

React 元件與 HTML 元素的命名規則與慣例

在 React 中對於元件和 HTML 屬性、CSS 樣式等等有一些命名上的「慣
例」，當沒有照著這些慣例來命名時，會出現錯誤的提示，多半時候你只需
要知道大致上的規則，當看到錯誤提示時再依據錯誤的提示進行修改就可
以了。

React 的「元件名稱」會以大寫駝峰的方式來命名，也就是首字母大寫，例如，Counter，若該名稱由多個單字組成，則把每一單字的第一個字大寫，例如，AdminHeader、PaymentButton。如果沒這麼做的話，React 會把它當作一般的 HTML 元素處理，並跳出錯誤提示。

例如，如果我們把 <Counter /> 改成小寫開頭的 <counter />，瀏覽器的 console 將會跳出錯誤訊息：

```
Warning: The tag <counter> is unrecognized in this browser. If you
meant to render a React component, start its name with an uppercase
letter.
```

其他像是 HTML 中的屬性、CSS 樣式屬性或一般的函式來說，則會遵行 JavaScript 以小寫駝峰來命名變數的慣例，例如 className、maxLength、backgroundColor 等等。

以 <input type="text" maxlength="10" /> 為例，在 React 的 JSX 中需要把 maxlength 改成 maxLength，不然一樣會拋出錯誤，舉例來說：

```
<!--
- 在 JSX 中屬性如果由多個單字組成，需要使用小寫駝峰命名，否則會有錯誤訊息
- Warning: Invalid DOM property `maxlength`. Did you mean `maxLength`?
-->
<input type="text" maxlength="10" />

<!-- 正確寫法 -->
<input type="text" maxLength="10" />
```

使用慣例的好處是當自己或他人看到程式碼時，可以很快從變數的命名了解它可能的類型，例如，當看到以大寫駝峰方式命名的變數時，可以馬上知道這是個 React 元件而非一般的函式。

換你了！ 建立出第一個 React Component 吧

在這個單元中我們說明了如何建立 React 元件、使用元件的好處、以及元件的命名規則。現在要換你試著把原本的 JSX 改寫成 React 元件，在後面的單元中將會開始說明如何在 React Component 上綁定事件，以做到增減數字的功能。若對於這個單元的程式碼在實作上有什麼問題，都可以到下方的連結查看原始碼：

https://codepen.io/PJCHENder/pen/WNrxZxQ

2-7 與使用者互動 - React 中的事件處理

在上一個單元中我們已經完成整個計數器的畫面，並且把計數器建立成一個 React 元件，但是目前只有畫面還沒有實際的功能。在這個單元中會學到如何在 React 中進行事件處理，包含在 JSX 中綁定 DOM 事件，以及在 React 元件中定義事件處理的方法。

在 React 元件中使用變數

在前面的單元中，我們曾經提到如何把變數放到 JSX 中呈現，現在雖然我們已經把計數器包成了 React 元件，但它本質上還是一個回傳 JSX 的 JavaScript 函式，因此如果我們想要在 React 元件帶入變數的做法是一樣的。

現在我們先把上一個單元完成的 `<Counter />` 元件中的數字部分改成用變數來呈現，你可以 Fork 上一個單元的程式碼繼續開始。

在一個單元中，因為 `<Counter />` 元件是直接回傳一個 JSX，所以在箭頭函式中，我們可以直接在 => 後面回傳 JSX 元件；但現在因為我們要在函式內加入變數，所以要改回最一般箭頭函式的寫法，也就是 `() => {}`，這時候就可以在這個函式中加入計數器的變數，像是這樣：

```jsx
const Counter = () => {
  const count = 256;

  return (
    <div className="container" style={{ margin: '0 30px' }}>
      <div className="chevron chevron-up" />
      <div className="number">{count}</div>
      <div className="chevron chevron-down" />
    </div>
  );
};

// 使用 <Counter /> 來帶入 React 元件
root.render(<Counter />, document.getElementById('root'));
```

把變數帶入 JSX 的方法一樣，只是現在我們把變數 count 宣告在 **Counter** 這個 component 裡面：

```jsx
const rootNode = document.getElementById("root");
const root = ReactDOM.createRoot(rootNode);

const Counter = () => {
  let count = 256; // 定義變數

  return (
    <div className="container" style={{ margin: "0 30px" }}>
      <div className="chevron chevron-up" />
      {/* 使用變數 */}
      <div className="number">{count}</div>
      <div className="chevron chevron-down" />
    </div>
  );
};

root.render(<Counter />);
```

在 JSX 中因為它本質上是 JavaScript，所以如果想在 JSX 內撰寫註解的話，可以把註解寫在 {} 裡面，像是這樣 {/* 這裡是註解 */}。

在 React 元件中綁定事件監聽器

為了讓計數器能夠運作，現在我們需要一個方法來改變 **count** 這個變數。先前使用原生的 JavaScript 時，是使用 **addEventListener('click', ...)** 的方法，在 React 元件中則是會透過 **onClick** 直接把事件綁定在 JSX 上面。例如，現在想要在「向上箭頭」的按鈕綁定點擊事件時，可以在 JSX 中這樣寫：

```
<div className="chevron chevron-up" onClick={/*...*/} />
```

onClick={...} 中 {...} 內要放的就是點擊後要做什麼處理，一般稱作事件處理器（event handlers），它會是一個函式。我們來試試看，當使用者點擊向上箭頭的時候，在 **console** 中顯示訊息，像是這樣：

```
const Counter = () => {
  const count = 256;

  return (
    <div className="container" style={{ margin: '0 30px' }}>
      {/* 透過 onClick 綁定使用者的點擊事件 */}
      <div
        className="chevron chevron-up"
        onClick={() => {
          console.log(`current Count is ${count}`);
        }}
      />
      <div className="number">{count}</div>
      <div className="chevron chevron-down" />
    </div>
```

```
    );
  };
```

這時候從瀏覽器的 console 視窗中，可以看到當點擊向上箭頭時會有訊息呈現，而向下箭頭因為還沒有註冊事件，因此點擊後不會有反應。

試著修改變數，看看畫面會不會改變

接下來會很直覺的想說，既然現在已經可以監聽使用者的點擊事件，那要改變數字就沒問題了，只需要像先前原生 JavaScript 的寫法一樣，在使用者點擊畫面時，把 count + 1 就可以了吧！？

於是我們把 const count = 256 改成 let count = 256 讓 count 可以重新被賦值，在 onClick 的時候讓這個 count 變數的值加 1，像這樣：

```
const Counter = () => {
  let count = 256;

  return (
    <div className="container" style={{ margin: "0 30px" }}>
      <div
        className="chevron chevron-up"
        onClick={() => {
          count = count + 1;  // 每次點擊時都讓 count + 1
          console.log(`current Count is ${count}`);
        }}
      />
      <!-- ... --->
    </div>
  );
};
```

但實際測試的結果你會發現和我們預期的卻不太一樣，你會發現，當我們點擊箭頭時，雖然在瀏覽器 console 顯示的 count 數字有持續增加，但是畫面的數字卻是變也不變！為什麼會這樣子呢？

為什麼畫面沒有改變

一開始碰到這個問題會有些困惑，但了解原因之後並不難懂。因為雖然 count 的數字更新了，但 React 並不知道數字有更新，所以它不會去重新轉譯（render）瀏覽器的畫面，這個感覺有點類似先前在我們使用原生 JavaScript 撰寫計數器時，雖然在使用者點擊按鍵後有把 count + 1，但最後沒有使用 numberElement.textContent 把更新後的值重新給回網頁的情況。

當然，我們不能只是說說而已，要確定是不是真的因為 React 元件的畫面沒有更新（重新轉譯）才使得畫面上的數字沒有改變的話，我們可以在 JSX 中使用 {console.log('render')} 來看看，因為只要 React 有需要更新畫面的話，這個 JSX 就會被重新執行。因此，我們可以像這樣寫：

```
const Counter = () => {
  let count = 256;
```

```
  return (
    <div className="container" style={{ margin: '0 30px' }}>
      {/* 只要 React 有更新畫面的話，這個 JSX 就會被重新執行 */}
      {console.log('render')}
      {/*... */}
    </div>
  );
};
```

打開 console 視窗你應該會看到如下的訊息，一開始什麼都不做的時候出現
了 "render"，接著每點擊一次按鈕，就出現寫在事件處理器中的訊息：

```
 "render"

 "current Count is 257"
 "current Count is 258"
 ...
```

這個意思表示，我們的畫面只有被轉譯了一次，即使之後 count 變數更新
了，畫面也沒有跟著更新（重新轉譯）。那麼接下來的問題就是，要怎麼讓
React 知道，我們的數字改變了，並請它幫我們更新畫面呢？

在下一個單元中我們會使的到第一個 React Hook，讓 React 能夠知道我們的
變數更新了，請 React 幫我們更新畫面。

換你了！ 在 React 元件中綁定事件

現在，換你試著實際操作看看，在這裡我們使用的是點擊事件，因此綁定
了 onClick 元素，但如同 HTML 一樣，我們還可以綁定各種其他的 DOM
事件，像是鍵盤的 onKeyPress、onKeyUp；表單的 onChange、onInput、
onSubmit 等等。

唯一要稍微留意的是，這些事件名稱大多和 HTML 原生綁定事件的名稱相似，只是因為在 JSX 中 HTML 標籤的屬性慣例上是使用小寫駝峰來命名，因此原生的 onclick 在 JSX 中會變成 onClick；onsubmit 則變成 onSubmit 等等。你可以在 React 的官方文件的 SyntheticEvent（https://reactjs.org/docs/events.html）中找到幾乎所有要用的事件。

實作過程中如果有任何不清楚的地方，都可以到下方的連結查看原始碼，或透過 Github 說明頁點擊連結「在 React 元件中綁定事件」：

https://codepen.io/PJCHENder/pen/pogbWQr

2-8 React 元件中的資料 - useState 的使用

在上一個單元中我們提到，雖然變數已經更新了，但因為 React 並不知道這件事，所以他不知道要幫我們更新畫面，顯示最新的資料。

好在 React 提供了方法可以來監控並改變這些資料，一旦使用 React 中提供的方法來修改資料時，React 一發現到資料內容有變動時，就會自動更新畫面，而這個方法就是這裡要提到的第一個 React Hooks - useState。

狀態（state）是什麼

這個方法之所以叫做 useState 是因為在 React 元件中，這些會連動導致畫面改變的「資料（data）」習慣上被稱作「狀態（state）」。以紅綠燈來說，假設有一個資料可以用來表示紅綠燈的顏色，0 是紅燈、1 是黃燈、2 是綠燈，當這個資料是 0 的時候，燈號就會變成紅燈的「狀態」；當資料變成 1 時，燈號就會變成「黃燈」的狀態，因此會把這些可以造成畫面變更的資料，稱作狀態（state）。

當你以後聽到開發者在討論某個元件的「狀態」時，通常不是指元件有沒有生病或依然健在的那個狀態，而是在說現在的「資料」是長什麼樣子。

> **TIPS**
>
> 在 React 中講到「狀態（state）」時，一般你可以直接把它成「資料（data）」來理解。

至於 useState 的方法前面之所以會多了個 use，是因為這是在 React Hooks 中的慣例，只要開頭為 use 的函式，就表示它是個 "Hook"。先讓我們來看一下怎麼使用 useState 這個 React Hooks，之後再來對 Hooks 做更多的說明。

換你了！ 在計數器中使用 useState

這裡先來直接實作，過程中可能會有一些你不太了解的程式碼沒關係，先做出效果來，後面會再做說明。

過程主要包含四個步驟：

STEP 1 從 React 物件中取出 useState 方法

```
const { useState } = React;

const Counter = () => /* ... */
```

STEP 2 呼叫 useState 方法後可以取得一個「變數（count）」和「改變該變數的方法（setCount）」，useState 中的參數是 count 的預設值，這裡設為 256。

```
const Counter = () => {
  const [count, setCount] = useState(256);
  return {
    /* ... */
  };
};
```

STEP 3 在使用者點擊向上箭頭時，透過 **setCount** 方法將變數 **count** 加 1

```
<div className="chevron chevron-up" onClick={() => setCount(count
+ 1)} />
```

STEP 4 在使用者點擊向下箭頭時，透過 **setCount** 方法將變數 **count** 減 1

```
<div className="chevron chevron-down" onClick={() =>
setCount(count - 1)} />
```

你可以到下方連結直接檢視修改後完整的程式碼，或於 Github 專案說明頁點擊連結「useState 的基本使用」：

 https://codepen.io/PJCHENder/pen/dyGXZYb

在完整的程式碼中，當使用者點擊箭頭時，數字可以正確更新，而且在瀏覽器 console 視窗中，你會看到每次資料一有更新，JSX 中的 console.log 就會再次被執行，表示畫面是有因為資料改變而連帶更新的。

useState 做了什麼

簡單的說，透過 useState 我們建立了一個需要被監控的資料變數（count），而且透過它提供的 setCount 來改變 count 的數值時，React 會幫我們重新轉譯畫面，如此便解決了最上面提到的畫面不會更新的問題。

現在我們回頭來看剛剛程式碼中的各個步驟。

▶ 取出 useState 方法

useState 這個方法是放在 React 物件裡面的一個方法，所以要使用它的時候，可以使用 **React.useState**，或者可以透過物件的解構賦值（object destructuring assignment）來取出 useState 這個方法：

```
/* useState 是在 React 物件中的一個方法，取用它的方法主要有兩種 */

React.useState(); // 直接透過 `.` 來取用 React 物件內的方法
const { useState } = React; // 透過物件的解構賦值把 useState 方法取出
```

多數開發者以及 React 官方文件多是使用解構賦值的寫法，因此在後面的不同範例中也都會使用解構賦值的做法來載入 React Hooks。

> **TIPS**
>
> 由於在 CodePen 的範例中已經有在 JavaScript Settings 透過 CDN 載入 React 套件，因此才能夠直接取用到 React 物件。

▶ 呼叫 useState 方法

取出 **useState** 這個方法後，一旦我們呼叫了 **useState** 這個方法，它實際上會回傳一個陣列，這個陣列中的第一個元素會是我們「想要監控的資料」，第二個元素會是「修改該資料的方法」，像是這樣：

```
// useState() 的參數中可以帶入該資料的預設值，
// 同時呼叫後會回傳一個陣列
const arrayReturnFromUseState = useState('< 資料預設值 >');

// 陣列中的第一個元素是「想要監控的資料」
const count = arrayReturnFromUseState[0];

// 陣列中的第二個元素是「修改該資料的方法」
const setCount = arrayReturnFromUseState[1];
```

可是每次都要用 **[0]** 和 **[1]** 這樣的寫法實在是太麻煩了，所以大家也都會直接使用陣列的解構賦值（array destructuring assignment）來直接幫這個變數取名並賦值，像這樣：

```
const [count, setCount] = useState('<資料預設值>');
```

- **count** 是透過 **useState()** 產生的變數，這是我們希望監控的變數，名稱可以自己取
- **setCount** 則是 **useState()** 產生用來修改 **count** 這個資料的方法，名稱可以自己取
- **useState()** 這個方法的參數中可以帶入資料的預設值

透過 useState 得到的變數和方法名稱是可以自己取的，而慣例上用來「改變變數的方法」名稱會以 set 開頭；預設值也可以不一定要是字串或數值，而是可以帶入物件。

下面這些例子都是合法的：

```
const [price, setPrice] = useState(1000);
const [description, setDescription] = useState('This is description');
const [product, setProduct] = useState({
  name: 'iPhone 11',
  price: 24900,
  os: 'iOS',
});
```

React 畫面的重新轉譯

上面我們有提到「透過 useState 建立了一個需要被監控的資料變數（count），並且透過 setCount 方法來改變 count 的數值時，React 會幫我們重新轉譯畫面」，這句話需要很仔細的來看。實際上 React 畫面之所以會更新並不是因為 **count** 的值改變了，而是因為：

1. setCount 被呼叫到
2. count 的值確實有改變

這兩個條件缺一不可。釐清這點相當重要，才不會覺得為什麼明明有呼叫 setCount 但畫面沒變，或 count 的值有變但畫面卻沒重新轉譯。

下面的程式碼都是沒有同時滿足上面這兩個條件，因此畫面不會更新的情況。

▶ 沒有使用 setCount 改變變數

這其實是一種錯誤的寫法，既然已經用來 useState 來產生 count 這個變數，表示這個 count 應該是你認為要被 React 監控的資料，但這時候你卻沒有使用 setCount 來改變它，而是直接去改變 count 的值：

```
6 ∨ const Counter = () => {
7      const [count, setCount] = useState(256);
8
9 ∨   return (
10 ∨    <div className="container">
11       {console.log("render", count)}
12       <div
13 ∨       className="chevron chevron-up"
14 ∨       onClick={() => {
15          count = count + 1;
16          // setCount(count + 1);
17        }}
18       />
19       <div className="number">{count}</div>
20       <div
21 ∨       className="chevron chevron-down"
22 ∨       onClick={() => {
23          count = count - 1;
24          // setCount(count - 1);
25        }}
26       />
27     </div>
28   );
29 };
30
31 root.render(<Counter />);
```

沒有使用 setCount 來改變資料

▶ 使用了 setCount 但是 count 的值沒有改變

這裡這樣寫只是為了示範當 **count** 的值沒變時，畫面並不會重新轉譯，但這不一定是錯誤的寫法。使用了 **setCount** 但 count 的值沒有變化時，React 會很聰明的不去做無意義的重新轉譯，因為資料根本就沒變，所以畫面也不需要更新，你可以從瀏覽器的 console 視窗中看到並沒有跳出 render 的訊息：

```
 6 > const Counter = () => {
 7     const [count, setCount] = useState(256);
 8
 9 >   return (
10 >     <div className="container">
11       {console.log("render", count)}
12       <div
13 >       className="chevron chevron-up"
14 >       onClick={() => {
15           setCount(count);
16         }}
17       />
18       <div className="number">{count}</div>
19       <div
20 >       className="chevron chevron-down"
21 >       onClick={() => {
22           setCount(count);
23         }}
24       />
25     </div>
26   );
27 };
28
29 root.render(<Counter />);
```

使用了 **setCount** 但 **count** 沒有改變

▶ React 只會更新畫面中有變化的部分

最後，React 在更新畫面時，同樣會很聰明的只去更新有改變的部分，也就是說，它並不會把整個 DOM 都換掉，而是只換掉有變化的部分，也因此才能讓網頁運作的效能大大提升。

資料驅動畫面

我們已經透過 React 來完成這個計數器。現在要請你試著回想一下，在沒有 React 之前，我們是怎麼去完成這個計數器的，當時我們需要先透過 querySelector 選擇 DOM 元素，接著使用 addEventListener 來綁定點擊事件，再來透過 textContent 的方式來改變畫面上的內容。

當我們畫面上只有一個計數器時這麼做並不會太過複雜，但若我們需要重複使用這個計數器的話，就會需要花比較多的工在做重複的事情了。

在我們換成 React 之後，除了透過元件的方式來整理可重複使用的元件外，透過 JSX 將 HTML 和 JavaScript 的操作進行了整合，我們只需要在 JSX 中使用 onClick 就可以把事件和事件處理器綁定上去，也可以直接在裡面使用變數。

其中有一個更重要的概念是，在 React 中是以「資料」來驅動畫面進行更新。我們不再需要透過 textContent、innerHTML 這樣的方式來更新 HTML 的畫面，因為現在畫面和元件的資料是可以關聯在一起的，因此一旦資料改變了，React 就會自動幫我們更新呈現的畫面。

未來我們會實作更多 React 的功能，你會發現到當我們要操控畫面時，不再是去想怎麼樣「改變畫面」，而是要去想怎麼樣「改變資料」，因為資料變動了，畫面自然就變動了。

換你了！ 練習看看 useState 的使用

在這個單元中，我們已經完成了最基本的計數器功能，請你試著完成它，並把 count 的預設值改成 5。你也可以把 useState 回傳的狀態和方法（這裡取做 count 和 setCount）稍微改個名稱看看，相信你會對它的使用又更清楚的了解。

同樣的你可以到下方連結直接檢視完整的程式碼或於 Github 專案說明頁點擊連結「useState 的基本使用」：

 https://codepen.io/PJCHENder/pen/dyGXZYb

2-9 條件轉譯的使用

上個單元中已經使用 React 完成了計數器的基本功能，這個單元中讓我們來看在 React 中條件轉譯（conditional rendering）的使用。

假設現在我們想要幫計數器設定最大值和最小值，其中計數器最大只能到 10，最小只能到 0，而且預設起始值是 5 的話，可以怎麼做呢？

其中一種做法是當數字 < 10 的時候，才顯示出向上的箭頭，否則不要顯示；當數字 > 0 的時候，就顯示向上的箭頭，否則把向下的箭頭隱藏起來。

一般來說要把元素隱藏起來有幾種常見的做法，一種是讓整個 DOM 中的該元素都不要轉譯出來，另外一種是新增 CSS 屬性把它隱藏起來（例如 `display: none`），先讓我們來看第一種做法。

思考如何根據條件不要轉譯特定的 DOM 元素

若想要根據條件不去轉譯某些 DOM 元素的話，我們需要在 JSX 中做一些處理，舉例來說，可能會想在 JSX 中使用 `if` 來做條件判斷像這樣：

- 當 **count < 10** 的時候，才顯示向上的箭頭
- 當 **count > 0** 的時候，才顯示向下的箭頭

```
// 示意用程式碼，並不是正確寫法
const Counter = () => {
  return (
    if (count < 10) {
      <div
        className="chevron chevron-up"
        onClick={() => setCount(count + 1)}
      />
    }

    if (count > 0) {
      <div
        className="chevron chevron-down"
        onClick={() => setCount(count - 1)}
      />
    }
  )
}
```

這樣的想法是正確的，然而有一個問題是，先前我們曾提過在 JSX 中只能帶入「表達式」，但 if 這種語法是屬於陳述句，也就是呼叫後不會直接得到回傳值。如果我們想要在 JSX 中做到條件判斷，就需要來了解一下 JavaScript 中的邏輯運算子。

JavaScript 邏輯運算子的使用：&& 和 || 是什麼

在 JavaScript 中，**&&** 或 **||** 這 種 語 法 稱 作「 邏 輯 運 算 子（Expressions - Logical operator）」，因為在 JSX 中的 **{}** 內只能放入表達式（expressions），而不能寫入像是 **if...else...** 這種陳述句（statement），因此在 React 中很常會使用到邏輯運算子這種語法。

先來看一下大家比較常看到的 **||**。**||** 邏輯上是「或（or）」的意思，在 JavaScript 中常常被當做定義變數的預設值來使用，假設寫 **a || b** 的話，意思就是當 **a** 為 false（為假）時就用 **b**，當 **a** 為 true（為真）時就直接用 **a**。

同時在 JavaScript 中的真假值在判斷時會自動作轉型，因此像是 **null**、**NaN**、**0**、空字串、**undefined** 都會被轉型並判斷為「false（假）」。

以下面的例子來說：

```
// || 就是前面為 false 時才去拿後面的那個

const a = 0 || 'iPhone';  // 因為 0 被轉型後為 false，所以 a 會是 'iPhone'

const b = 26900 || 24900; // 因為 26900 會轉型為 true，所以 b 會是 26900

const c = true || '不會輪到我';  // 因為 true 為真，所以 c 是 true

const d = false || '會輪到我';  // 因為 false 為假，所以 d 是 '會輪到我'
```

> **TIPS**
>
> || 簡單來說，就是當 || 前面的值為 false（假）時，就取後面的那個當值。

至於 **&&** 則反過來。當寫 **a && b** 時，當 **a** 為 true（為真）時，就拿後面的 **b**，否則拿 **a**。以下面的例子來說：

```
// && 就是前面為 true 時才去拿後面的那個

const a = 0 && 'iPhone';        // 因為 0 被轉型後為 false，所以 a 會是 0

const b = 26900 && 24900;        // 因為 26900 轉型為 true，所以 b 會是 24900

const c = true && '不會輪到我'; // 因為 true 為真，所以 c 是 '不會輪到我'

const d = false && '會輪到我'; // 因為 false 為假，所以 d 是 false
```

> **TIPS**
>
> && 簡單來說，就是當 && 前面的值為 true 時，就取後面的那個當值。

▶ 補充

除了邏輯運算子之外，在 React 中也很常用到三元判斷式（ternary operator），它是透過 ? 和 : 的使用來組成 if...else 的的表達式，這個部分會在後面單元中再進行説明。

透過邏輯運算子達到條件轉譯

回到計數器中，現在透過 **&&** 這種寫法，就可以做出一開始想要的 if 功能，因為 if 的意思就是如果為 true 時再幫我執行裡面的內容。

在不使用 if 而改用 **&&** 的方式後，向上的箭頭只需要把程式碼改成這樣：

```
{
  /* 向上的箭頭，當 count < 10 時才會顯示向上的箭頭 */
}
{
  count < 10 && (
    <div className="chevron chevron-up" onClick={() =>
                    setCount(count + 1)} />
  );
}
```

向下的箭頭改成：

```
{
  /* 向下的箭頭，當 count > 0 時才會顯示向下的箭頭 */
}
{
  count > 0 && (
```

```
    <div className="chevron chevron-down" onClick={() =>
                setCount(count - 1)} />
  );
}
```

DOM 元素會完全消失

當我們使用這種做法時，當條件符合的時候，這個按鍵的元素會從 DOM 中
移除，可以試著在瀏覽器開發者工具的 Elements 頁籤中觀察看看，會發現這
個 DOM 元素完全不存在：

換你了！ **透過邏輯運算子來實作條件轉譯**

現在請你透過邏輯運算子的方式來實作條件轉譯的功能，讓這個計數器的預
設值是 5，使用者只能將計數器的數字控制在 0 ～ 10 之間，接著從瀏覽器
的 Elements 頁籤中觀察 DOM 元素的變化。實作後的完整程式碼可以查看
Github 說明頁點擊連結「條件轉譯的使用」，或直接參考下面的連結：

https://codepen.io/PJCHENder/pen/NWxrXzm

2-10 動態新增 CSS 樣式來隱藏 HTML 元素

如果要將計數器的數字控制在 0 ～ 10 之前，除了透過上個單元所説的，在 JSX 中使用邏輯運算子來判斷該 HTML 區塊要不要呈現之外，另一個很常用的方式就是使用 CSS 樣式，其中常見的樣式像是 display: none 和 visibility: hidden，但不論你用的是哪一種，這個 HTML 元素仍然可以在開發者工具的 Elements 頁籤中被看到，只是透過 CSS 把它隱藏起來，因此使用者在畫面上才看不到。

這裡為了避免畫面排版會因為元素隱藏而有改變，因此使用 visibility: hidden;。CSS 樣式的操作和前面單元説明的方式相同，可以使用行內樣式（inline-style），也可以使用 CSS class，要做到動態變更套用的 CSS 樣式，這裡一樣會用到前面所提到的邏輯運算子。

> **TIPS**
>
> visibility: hidden; 和 display: none; 的差別？
>
> 這兩種 CSS 屬性都可以讓使用者看不到該元素，但差別在於 display: none; 在把該元素隱藏的情況下，同時會移除該元素原本佔據在網頁上的空間，因此當某元素原本存在而用了 display: none; 的話，會因為該元素不見而導致畫面排版「跳一下」。visibility: hidden; 同樣會把該元素給隱藏起來，但是原本該元素所佔據的空間還是會保留在那裡，因此不會有因為東西被移除後而畫面排版「跳一下」的情況。

在開始下面的練習前，我們可以先把上個單元在 JSX 中使用邏輯運算子來做
條件轉譯的方式移除。

使用動態的行內樣式

先使用 **inline-style** 來修改 CSS 樣式，在 JSX 中使用行內樣式就是在
style={} 屬性後的 **{}** 中帶入帶有樣式的物件即可。

透過行內樣式的語法搭配邏輯運算子後，針對向上的箭頭，我們希望當
count >= 10 的時候就套用 **visibility: hidden;** 的樣式，因此可以寫成：

```
<div
  className="chevron chevron-up"
  style={{
    visibility: count >= 10 && 'hidden',
  }}
  onClick={() => setCount(count + 1)}
/>
```

針對向下的箭頭，當 **count <= 0** 的時候才套用 **visibility: hidden;**，因
此向下箭頭可以寫成：

```
<div
  className="chevron chevron-down"
  style={{
    visibility: count <= 0 && 'hidden',
  }}
  onClick={() => setCount(count - 1)}
/>
```

如此就可以達到預期的效果。

換你了！ **使用動態的行內樣式試試看**

可以點擊 Github 說明頁上「使用 inline-style 來隱藏 HTML 元素」的連結，或直接打開下方連結檢視完整的程式碼，看看做起來的效果是否相同：

https://codepen.io/PJCHENder/pen/abdZqwY

▶ 使用動態的 CSS class

既然可以使用行內樣式來達到這個效果，自然也可以使用 CSS 的 class 來做到。

可以先在 CSS 的區塊中新增一個名為 `.visibility-hidden` 的樣式：

```
.visibility-hidden {
  visibility: hidden;
}
```

原本的 `className` 我們是直接帶入字串，但現在我們希望能夠動態改變後面帶入的 class，因此 className 後面要改成用 {} 來帶入變數，這個變數一樣是字串，只是會搭配「樣板字面值」的用法（也就是鍵盤 1 左邊的那一撇），來讓它動態改變。

針對向上箭頭，改寫後像這樣：

```
<div
  className={`chevron chevron-up ${count >= 10 && 'visibility-
            hidden'}`}
  onClick={() => setCount(count + 1)}
/>
```

針對向下箭頭：

```
<div
  className={`chevron chevron-down ${count <= 0 && 'visibility-
             hidden'}`}
  onClick={() => setCount(count - 1)}
/>
```

如此就可以跟使用行內樣式一樣，有一樣的效果。

換你了！ 使用動態的 className 試試看

你可以透過 Github 說明頁的「使用 CSS Class 來隱藏 HTML 元素」連結，
或下方網址檢視完整程式碼，看看做起來的效果是否相同：

https://codepen.io/PJCHENder/pen/xxZOYzJ

▶ 該使用條件轉譯來移除 DOM 元素或使用 CSS 樣式隱藏 DOM 元素

實務上要使用 CSS 樣式讓使用者看不到元素就好，還是需要從 DOM 中整個
把元素移除，端看這個功能的目的。如果使用的是 CSS 樣式，使用者就比較
有機會透過瀏覽器的開發者工具自己去把樣式解開後，然後繼續點擊向上按
鈕，往更高的值加上去。

因此一般來說，如果你需要比較嚴格的去控制使用者的行為，不想要使用者
透過 CSS 就能簡單修改的話，那麼就把 DOM 整個移除；但如果這個功能
被使用者手動打開也不會有太大影響的話，那就使用 CSS 樣式來控制畫面就
好，如此會有比較好的效能和體驗。

2-11 事件處理器的重構

在這個單元中我們會把計數器做簡單的整理。一般在開發程式的過程中，有時候會先專注於功能的實作，等到功能實作出來，可以正常運作後，會再把整個程式碼做整理，這個動作一般我們稱作重構（refactoring）。

重構程式碼最主要的目的是幫助未來的自己或其他開發者來減少後續維護上的困難，過程中可能會刪除不必要的變數、重新為變數命名以增加易讀性、減少同樣邏輯但內容重複的程式碼等等。

在這個單元中我們會針對計數器中的點擊事件進行重構，讓我們來看一下可以怎麼做。

將事件處理的邏輯從 JSX 中抽離

在先前的程式碼中，我們是把使用者點擊按鈕時要做的事直接放在 onClick={} 的 {} 內去執行，像是這樣：

```
<div className="chevron chevron-up" onClick={() => setCount(count
        + 1)} />
```

這裡因為 onClick 後只需呼叫 setCount 這個方法，因此並不會有什麼大問題，但若現在 onClick 後需要做更多的事情時，直接把這個事件處理器（event handlers）寫在 JSX 的行內可能就會變得比較難管理。因此，為了程式碼管理上的方便，可以把事件處理器先定義成一個函式，在 onClick 後去呼叫這個函式即可，如此可以達到畫面和邏輯的分離。

這裡我們把 onClick 裡面的函式拉出來，分別取名為 handleIncrement 和 handleDecrement，像是這樣：

```
const Counter = () => {
  const [count, setCount] = useState(5);
```

```
// 將事件處理器獨立成 handleIncrement 和 handleDecrement
const handleIncrement = () => setCount(count + 1);
const handleDecrement = () => setCount(count - 1);

return (
  <div className="container">
    <div
      // 把 handleIncrement 在這裡帶入
      onClick={handleIncrement}
      className="chevron chevron-up"
      style={{
        visibility: count >= 10 && 'hidden',
      }}
    />

    <div className="number">{count}</div>

    <div
      // 把 handleDecrement 在這裡帶入
      onClick={handleDecrement}
      className="chevron chevron-down"
      style={{
        visibility: count <= 0 && 'hidden',
      }}
    />
  </div>
);
};
```

換你了！ **把事件處理的程式邏輯從 JSX 中抽離吧**

現在請你試著照上面的方式，把事件處理的程式邏輯從 JSX 中抽離吧！你可以透過下方連結或是 Github 專案說明頁的「從 JSX 中拆分事件處理器的邏輯」來檢視完整程式碼：

https://codepen.io/PJCHENder/pen/gOPMzmz

同樣邏輯的程式碼不必重複

雖然現在程式碼看起來又乾淨了不少，但你可能會想說，handleIncrement 和 handleDecrement 做的事好像差不多，那可不可以把它們包在一起，寫成一個稱作 handleClick 的函式，接著 handleClick 中帶入一個名為 type 的參數，當 type 為 increment 的時候就呼叫 setCount(count + 1)；當 type 為 decrement 的時候就呼叫 setCount(count - 1)。

於是我們可以把程式碼再進一步改成：

```
const Counter = () => {
  const [count, setCount] = useState(5);

  // 統整成一個名為 handleClick 的方法
  const handleClick = (type) => {
    if (type === 'increment') {
      setCount(count + 1);
    }
    if (type === 'decrement') {
      setCount(count - 1);
    }
  };

  return <div className="container">{/* ... */}</div>;
};
```

留意帶有參數的事件處理器

但這裡有一個 JavaScript 的概念要特別留意，現在 **handleClick** 本身是一個函式，如果我們在 JSX 中直接把 **type** 當成參數帶進去函式，像這樣的話：

```
// 這是錯誤的寫法，請不要照做
// 向上點擊的箭頭
<div
  onClick={handleIncrement('increment')}
  className="chevron chevron-up"
  style={{
    visibility: count >= 10 && 'hidden',
  }}
/>
```

當你照著這麼做的時候，實際上會發生無窮迴圈的情況，並且顯示錯誤訊息：

```
Uncaught Invariant Violation: Too many re-renders. React limits the
number of renders to prevent an infinite loop.
```

這裡我們需要特別留意 onClick 後面的內容是 handleIncrement('increment')，這種寫法和剛剛我們寫 onClick={handleIncrement} 不同，我們預期的的是「當使用者點擊按鈕時，會去執行 handleClick ('increment') 這個方法」。但實際上，因為 handleClick 後面直接加上了小括號 ('increment')，因此當 JavaScript 執行到這裡的時候，這個 handleClick 函式就已經被執行了！

onClick={handleIncrement}

　　　　　　函式後面沒有 ()，該函式不會立即執行

onClick={handleClick('increment')}

　　　　　　函式後面接有 ()，該函式將會立即執行

所以實際上畫面在轉譯的時候，就執行了 **handleClick** 這個函式，這時候就呼叫到了 **setCount()**；當 **setCount** 被呼叫到時，React 發現就會去檢查 **count** 的值，發現 **count** 不一樣之後，又會去更新畫面，於是就進入了無限迴圈 …：

這也就是為什麼在錯誤訊息中會看到「Uncaught Invariant Violation: Too many re-renders. React limits the number of renders to prevent an infinite loop.」，因為它陷入無窮迴圈，畫面一直重複轉譯。

要解決這個問題只需要把 **handleClick()** 包在一個函式中，讓它不會在畫面轉譯時馬上被執行，寫法上可以這麼做：

```
<div
  onClick={() => handleClick('increment')}
  className="chevron chevron-up"
  style={{
    visibility: count >= 10 && 'hidden',
  }}
/>
```

這樣的話，畫面轉譯的時候 **handleClick** 就不會馬上被執行，而是在使用者點擊按鈕的時候才會去執行 **() => handleClick('increment')** 這個函式。

使用三元判斷式（ternary operator）簡化語法

在先前的單元中我們曾提到邏輯運算子，也就是 **||** 和 **&&** 的使用。除了邏輯運算子之外，三元判斷式在 React 中也非常常用，三元判斷式的語法中

會使用到 **?** 和 **:**，在 **?** 前面放的會是一個判斷式，當這個判斷式的條件為 true 時，會執行介於 **?** 後面和 **:** 前面的內容；但當這個判斷式的條件為 false 時，則會執行 **:** 後面的內容。

以下面的例子來看：

```
// （判斷式）？（條件為真）：（條件為假）

const averageHeight = 170;
const tall = 180 > averageHeight ? 'I am tall.' : 'I am short.';
         // I am tall
const short = 160 > averageHeight ? 'I am tall.' : 'I am short.';
           //  I am short
```

- 第一個變數 **tall** 的值，因為 **?** 前面的判斷式是（**180 > averageHeight**）是 true，所以會執行介於 **?** 和 **:** 之間的內容，並得到 I am tall 的結果。
- 第二個變數 **short** 的值，因為 **?** 前面的判斷式會是 false，所以會執行 **:** 後面的內容，因而得到 I am short 的結果。

回到我們的 **handleClick** 的方法，原本的 **if** 一樣可以改成用這種三元判斷式來表示，像是這樣：

```
// 使用三元判斷式簡化語法
const handleClick = (type) => {
  setCount(type === 'increment' ? count + 1 : count - 1);
};
```

這裡又由於在這個箭頭函式中並不需要做其他處理，而單純是呼叫一個函式，因此又可以把箭頭後面的大括號 **{}** 省略，簡化成：

```
const handleClick = (type) =>
  setCount(type === 'increment' ? count + 1 : count - 1);
```

到這裡我們就完成了事件處理器的重構！

換你了！ 簡化事件處理器的語法

這些簡化的語法一開始看會覺得暈頭轉向的，好像同樣的功能卻用不同的寫法換來換去的，這麼做的目的通常是讓程式碼變得更精簡，但有些時候也不能一昧的精簡程式碼而忽略了程式本身的易讀性，這個部分多會需要更多的實作經驗才會比較清楚哪些精簡的方式是其他開發者容易理解的，哪些會造成其他開發者閱讀上的困惑。

現在，請你試著練習看看，把事件處理器的語法加以簡化，若實作上有碰到問題，都可以回頭來看下方連結的程式碼，或於 Github 專案說明頁檢視連結：

https://codepen.io/PJCHENder/pen/qBbNYVr

▶ 進階寫法：讓函式執行後回傳另一個函式（選讀）

再來這個是更為進階的寫法，如果上面的內容閱讀起來你覺得還算輕鬆，那麼你可以繼續閱讀這個部分；如果上面的內容已經讓你感到有些暈頭轉向的話，那就先略過這個部分沒有關係，並不會影響到後面 React 的學習。

在上面的程式碼中，你會發現我們雖然把事件處理器抽成了獨立的 **handleClick** 函式，但因為我們需要在這個函式中帶入參數，為了避免函式直接在 JSX 中被執行，變成在 **onClick** 的時候又要多包一層函式，像是這樣：

```
<div onClick={() => handleClick('increment')} />
```

但其實如果對 JavaScript 夠熟練的話，還可以用其他的寫法，也就是在 JSX 執行的時候我們就讓 **handleClick** 直接被執行，同時讓它被執行的時候就把 **type** 這個參數的值給帶入；但在 **handleClick** 執行後會回傳另一個函式，這個回傳的函式才是真正在使用者點擊時會被執行到的。整個語法會像這樣：

```
// 讓 handleClick 被執行時，實際上是回傳一個函式
const handleClick = (type) => {
  return () => {
    setCount(type === 'increment' ? count + 1 : count - 1);
  };
};
```

這時候就可以放心地讓 handleClick 在 JSX 被執行時直接被呼叫：

```
<div onClick={handleClick('increment')} />
```

之所以可以這樣寫，是因為當畫面轉譯的時候，雖然 handleClick ('increment') 會馬上被執行沒錯，但 handleClick('increment') 執行後並不是馬上去呼叫 setCount 方法，而是在 handleClick 這個函式執行時，會把 type 設為 increment 帶入函式內，接著回傳了另一個函式到 onClick= {} 的 {} 內。這個被回傳的函式一樣會在按鈕的點擊事件被觸發時被呼叫到：

```
// 當 JSX 執行後，onClick 中的內容會變成 handleClick('increment') 執行後
   會傳的函式，也就是
<div
  onClick={() => {
    setCount(type === 'increment' ? count + 1 : count - 1);
  }}
/>
```

如果這裡的概念還能理解的話，最後 handleClick 這個函式本身又可以做箭頭函式上語法的簡化：

```
// 原本的寫法
const handleClick = (type) => {
  return () => {
    setCount(type === 'increment' ? count + 1 : count - 1);
  };
};
```

先針對 handleClick「裡面」的箭頭函式，可以省略箭頭後面的 {}

```
const handleClick = (type) => {
  return () => setCount(type === 'increment' ? count + 1 : count - 1);
};
```

接著，針對 handleClick 箭頭函式「本身」，也可以省略箭頭後面的 {}，最終會變成：

```
// () => () => {...}
const handleCLick = (type) => () =>
  setCount(type === 'increment' ? count + 1 : count - 1);
```

因此，未來如果你看到像是 () => () => {...} 這樣的語法的話，不用太過驚訝，這不是什麼新的語法，單純只是在呼叫了一個函式之後會回傳另一個函式的簡化寫法。

換你了！ 讓一個函式回傳另一個函式

若想要使用這種讓一個函式回傳另一個函式的寫法，需要先對 JavaScript 有一定的熟悉度才不會讓自己頭昏眼花，因此如果現階段還不太能理解這種寫法的話也不用擔心，先跳過去是可以的，並不會影響到後面內容的閱讀和 React 的學習。

這個部分的程式碼可以參考下面的連結，或於 Github 說明頁檢視連結「進階寫法：讓函式執行後回傳另一個函式」：

 https://codepen.io/PJCHENder/pen/OJMXZGq

2-12 JSX 中迴圈的使用

在上個單元中我們把程式碼重構之後，現在我們要來說明如何在 JSX 中使用迴圈，以達到快速重複使用多個元件的方式。

還記得我們曾經說過，使用元件（component）的好處在於可以快速地重複使用已經寫好的元件，而且每個元件的狀態都是獨立的，也就是說，你不會因為點了「第一個」計數器的向上按鈕，使得剩下其他計數器的數字也都加一，而是只有「第一個」計數器的數字會改變而已。

假設今天我們想要在畫面上產生多個計數器，可以來看看要怎麼做。

直接使用多個 Component

其中最簡單直觀的方式，就是在 JSX 中去直接帶入多個 Component，這裡也就是指 `<Counter />` 這個元件。因為 React 中每個元件其實都是各自獨立的，因此當我們想要一次產出非常多的計數器時，只需要寫很多次 `<Counter />`，讓我們先產生 7 個計數器就好，同時透過行內樣式的方式，在最外層的 `<div>` 加上 `style` 屬性來進行簡單的樣式調整，像下面這樣：

```
const rootNode = document.getElementById("root");
const root = ReactDOM.createRoot(rootNode);

const Counter = () => {/* ... */ };

root.render(
  <div
    style={{
      display: "flex",
      justifyContent: "space-around",
      flexWrap: "wrap"
```

```
      }}
   >
      <Counter />
      <Counter />
      <Counter />
      <Counter />
      <Counter />
      <Counter />
      <Counter />
   </div>
);
```

TIPS

由於一個 JSX 元素最多只能有一個最外層的元素，因此當我們要轉譯很多的 <Counter /> 時，為了要讓外層只有一個元素，可以加上一個額外的 <div> 把所有 <Counter /> 包起來。

除了在最外層的 <div> 元素上透過 **style** 屬性來簡單進行樣式的調整，也稍微修改一下 <Counter /> 元件的 <div class="container"> 這個元素的樣式，加上 **minWidth** 來讓各個計數器之間保有一定的間距：

```
const Counter = () => {
   // ...

   return (
      <div className="container" style={{ minWidth: 160 }}>
         {/* .. */}
      </div>
   );
};
```

現在我們的畫面應該會像這樣子：

實際操作時你會發現到，每個元件間的資料狀態都是各自獨立的，並不會互相干擾。你可以想像如果沒有 React，使用原生的 JavaScript 來做的話，會需要選取出多少個元素和綁定多少個事件呢？

使用迴圈重複產生多個計數器

你可能會說，既然 JSX 本質上都是 JavaScript 了，難道還得要手動複製貼上 `<Counter />`，不能用迴圈的方式，看要幾個有幾個嗎？

當然是可以的！既然 JSX 本質上就是 JavaScript ，那麼你當然可以使用 JavaScript 學到的方式來重複產生多個計數器。當在 JavaScript 中要重複執行某一個內容或動作時，很直覺的會想到可以用 **for** 迴圈。首先你可能會很直覺的這麼寫：

```
// 錯誤寫法：for 不是 expressions 不能直接放在 JSX 的 {} 內
// ...
root.render(
  <div>
```

```
    {
      for (let i = 0; i < 10; i ++) {
        <Counter />
      }
    }
  </div>
);
```

和我們在條件轉譯中提到的情況一樣，這麼做程式並沒有辦法正確執行，原因在於 **for** 迴圈本身是個 statements 而非 expressions，執行的時候並不會有回傳值，因此不能直接放到 JSX 中的 **{}** 內去執行。那麼實際上可以怎麼做呢？

在 React 中，當我們要做重複轉譯多個元件時，最常使用到的是透過陣列的 **map** 方法，因為 **map** 這個方法會有回傳值，所以可以直接在 JSX 中使用。

實際的做法會像這樣：

1. 先產生一個帶有多個元素的陣列
2. 在 JSX 中將這個陣列使用 **map** 方法，並且每次都回傳 **<Counter />** 元素

產生帶有多個元素的陣列

在 JavaScript 有許多不同的方式都可以產生帶有多個元素的陣列，這裡我們使用 **Array.from({ length: n })** 這個方法來產生帶有 n 個 **undefined** 的陣列，像是這樣：

```
const counters = Array.from({ length: 8 }); // [undefined, undefined,
..., undefined]
```

透過陣列的 map 方法來執行迴圈

接下來，就可以在 JSX 中透過在 **{}** 內使用 **counters.map(() => \<Counter />)** 的方式，就可以產生帶有多個 **\<Counter />** 的陣列，像是這樣：

```
const Counter = () => {/* ... */ };

const counters = Array.from({ length: 8 }); // [undefined, undefined,
..., undefined]

root.render(
  <div
    style={{
      display: "flex",
      justifyContent: "space-around",
      flexWrap: "wrap"
    }}
  >
    {counters.map(() => (
      <Counter />
    ))}
  </div>
);
```

這樣寫的意思其實就等同於：

```
root.render(
  <div style={/* ... */}>
    {[
      <Counter />,
      <Counter />,
      <Counter />,
      // ...
    ]}
  </div>,
  document.getElementById('root')
);
```

TIPS

map 回傳的內容除了可以是 React 元件外，更常見的會是 DOM 元素，像是透過迴圈重複產生多個 `<li>`。

這時候我們就會看到畫面瞬間產生了 8 個計數器，是不是非常快速方便呢！？然而，若我們打開瀏覽器的 console 視窗，會看到有錯誤提示產生：

```
Warning: Each child in a list should have a unique "key" prop.
```

意思是要提示我們最好把每個透過迴圈重複產生的元件加上 key 這個屬性，而每個 key 的值都應該要是唯一不重複的，如此 React 才會比較清楚迴圈中有哪些項目是被修改或操作過的，一般來說，如果我們有多個使用者的資料需要使用迴圈呈現時，可以直接使用每個使用者的 id 當作 key 值，因為使用者的 id 一般來說是唯一不會重複的，例如：

```
({
  users.map(user => {
    <li key={user.id}>
      {user.name}
    </li>
  })
})
```

但因為在我們的計數器中並沒有唯一的 id 存在，在沒有其他選擇的情況下，我們可以暫且把陣列的 index 當成 key 帶入，像是這樣：

```
root.render(
  <div style={/* ... */}>
    {counters.map((_, index) => (
      <Counter key={index} />
    ))}
  </div>
);
```

當我們把 key 補上之後，錯誤提示就不會出現了。

▶ 補充

React 並不建議我們直接拿陣列的 index 來當作 key 的值帶入，特別是在這些元素的順序有可能會有改變的情況下，對於效能會有不好的影響；但這裡因為主要是示範用途，並且只是單純用來呈現資料，沒有要操作或修改這些元素，因此對於效能的影響不大。

換你了！ 透過迴圈產生多個計數器吧

在這裡我們提到了如何在 JSX 中搭配陣列的 map 方法來快速產生多個 React 元件，要提醒的是在 map 中回傳的內容，除了可以是 React 元件之外，也可以是 HTML 元素，像是透過 `<li>` 來產生一系列的清單等等。

現在，請你試著練習看看，如何透過 map 的方式一次產生多個計數器在畫面中吧！過程中如果有任何不清楚的地方，都可以從下方連結中檢視實作的程式碼，或於 Github 專案說明頁點擊連結「JSX 中迴圈的使用」：

https://codepen.io/PJCHENder/pen/abdZKeQ

2-13 JSX 元素只能有一個最外層元素

這個單元中，將進一步說明，之前曾提到過的「一個 JSX 元素只能有一個最外層元素」是指什麼意思。以下面的例子來說，在 Counter 這個元件的 JSX 中，只有一個根節點，就是最外層的 **<div className"container">...</div>**：

```
const Counter = () => <div className="container">{/* ... */}</div>;
```

錯誤寫法

但若我們在這個 JSX 元素中，放入另一個節點 **<div class="other-container">...</div>** 的話，是不被允許的：

```
// ❌ 這是不被允許的
const Counter = () => (
  <div class="container">
    {/* ... */}
  </div>
  <div class="other-container">
    {/* ... */}
  </div>
);
```

正確做法一：外層的包一個 HTML Tag

如果需要的話，外層可以多包一個 HTML 標籤，例如 **<div>**，這樣這個 JSX 元素的最外層仍然只有一個根節點：

```
// 外層多包一個 `<div>`
const Counter = () => (
  <div>
    <div class="container">{/* ... */}</div>
```

```
      <div class="other-container">{/* ... */}</div>
    </div>
  );
```

正確做法二：使用 React Fragment

但有些時候，你不希望這些元素外層還要額外包一個 HTML 標籤，這時
React 提供了一個 **<React.Fragment>** 的標籤讓你使用，寫起來會像這樣：

```
  const Counter = () => (
    <React.Fragment>
      <div class="container">{/* ... */}</div>
      <div class="other-container">{/* ... */}</div>
    </React.Fragment>
  );
```

如此，就可以解決 JSX 外層元素只能有一個根節點的情況，同時當我們透過
瀏覽器的 **console** 視窗來檢視時，原本的 HTML 元素外層不會再被多包一
個 **<div>** 標籤（畫面左側 **#root** 裡面多了一個 **<div>**）：

由於開發者大多很懶惰簡潔，能用簡短而清楚的方式來表達意思自然是最好
不過的，因此，**<React.Fragment>** 還可以縮寫成 **<>**，蛤？你問我縮寫成什
麼？就是 **<>**，沒錯，你不需要再寫落落長的 **<React.Fragment></React.
Fragment>**，只需要寫 **<></>**，像這樣：

```
  // <></> 是 <React.Fragment></React.Fragment> 的縮寫
  const Counter = () => (
    <>
      <div class="container">{/* ... */}</div>
```

```
    <div class="other-container">{/* ... */}</div>
  </>
);
```

所以未來如果你看到有 JSX 元素是直接使用 `<>...</>` 包起來的話，也不要感到太過訝異！

2-14 React Hooks 不可這麼用

慣例上所有 React Hooks 的方法都會以 use 作為函式名稱的開頭，例如，**useState**、**useEffect**、**useCallback**、... 等等。現在雖然我們只提到了 **useState**，但在使用 React Hooks 的方法時有些原則一定要注意。

其中最重要的一個原則是：「不能在條件式（conditions）、迴圈（loops）或嵌套函式（nested functions）中呼叫 Hook 方法」。

什麼意思呢？以 **useState** 來說，這樣的寫法是正確的：

```
// 正確使用
const Counter = () => {
  const [count, setCount] = useState();

  return {
    /* ... */
  };
};
```

但如果因為某些原因而把 **useState** 放到 **if** 內時可能會導致嚴重錯誤：

```
// 錯誤使用，把 React Hooks 放到 if 內
const Counter = () => {
  if (isValidCounter <= 10) {
    const [count, setCount] = useState();
```

```
  }

  return {
    /* ... */
  };
};
```

要留意的是，以 **use** 開頭的函式不能放在判斷式內，不論是這裡提到的 **useState** 或者未來我們會學到的 **useEffect, useMemo** 等其他的 React Hooks 都需要遵循這個規範。

之所以會有這樣的規定是因 React 元件（例如，**<Counter />**）每次在轉譯或更新畫面時，都會呼叫產生這個元件的函式（**Counter()**），而在 React Hooks 中會去記錄這些 Hooks 在函式中被呼叫的順序，以確保資料能夠被相互對應，但若當我們將 Hooks 放到條件式或迴圈內時，就會破壞了這些 Hooks 被呼叫到的順序，如此將會造成錯誤。

雖然 **useSomething** 這類的 React Hooks 不能放在條件式中，但要留意的是，像這裡透過 **useState()** 產出的變數（**count**）和方法 **setCount**，則是可以在判斷式內使用的。例如，

```
const Counter = () => {

  const [count, setCount] = useState();

  // 透過 useState 取出來的方法，是可以放在條件式中使用的
  if (/* 條件判斷 */) {
    setCount(10)
  }

  return {
    /* ... */
  };
};
```

React 元件間的資料傳遞：props 的應用

3-1 網速傻傻分不清楚 Mbps? MB/s? 來寫個單位換算器吧

在上一章的內容中，我們已經掌握了 React 最基本的概念，包括：

- JSX 的基本使用
- CSS 樣式的套用
- React 中的事件處理
- React 中透過資料更新畫面的方式
- useState 的使用
- JSX 條件轉譯的使用
- JSX 迴圈的使用

在這一章中，我們會來實作一個網速換算器，除了會複習上一章所學到的概念之外，也會進一步學習在 React 中很重要的元件拆分、元件間的資料傳遞，以及表單資料綁定等等。

網速的概念

在開始實作前，我們要先來了解一下網速的概念。其中，**Mbps** 是用來計算網路頻寬最常見的單位，自從大家升級到 4G 行動網路，甚至是即將邁入的 5G，如果你不是吃到飽的使用者，勢必會看到「降速」或「限速」這兩個詞，可是你有想過最常見的降速 **20Mbps**、或者限速 **5Mbps** 是什麼意思嗎？

平常，我們比較熟悉的單位是 'MB' 或 'GB'，因為這是在傳輸檔案或儲存空間時最常用的單位，因此有些不太清楚的店員可能會跟你說 **20Mbps** 就是每秒鐘有 **20MB** 的網路傳輸速度，但真的是這樣嗎？錯！20Mbps 完全不等於每秒鐘有 20MB 的網路傳輸量。

又或者你想要追一下最近很紅的韓劇，怕網速太慢影響看劇的興致，於是打開 Netflix 提供的測速網站 fast.com 想要測一下網速：

測完發現有 **300Mbps**，可是你有想過，這個 **300Mbps** 是什麼意思嗎？其實這並不表示每秒鐘有 300MB 的網路頻寬。

Mbps 和 **MB/s** 雖然不同，但這兩個單位之間是可以轉換的。那麼多少 **Mbps** 才會等於 **1 MB/s** 呢？

Mbps 或 MB/s

要做網速單位換算器之前，我們要先來了解 **Mbps** 到底是什麼意思，以及它要怎麼轉換成 **MB/s**。

實際上 **Mbps** 中的第一個 **M** 是英文的 million，也就是「百萬」；小寫 **b** 是 **bit** 的意思，中文稱作「位元」；後面的 **ps** 則是 per second 的意思，也就是「每秒」。綜合起來，Mbps 指的是「每秒鐘可以傳輸多少百萬位元（Million bits per second）」。

那 **MB/s** 呢？這裡第一個 **M** 一樣式 million 百萬的意思；但 **B** 則是大寫的 **B**，大寫的 B 和小寫的 b 在意思上是完全不同的，大寫 **B** 是指 **Byte**，中文稱作「位元組」。一個位元組（Byte）是由 8 個位元（bit）所組成的。

所以實際上 Mbps 的值需要「除以 8 」後才會是指每秒鐘可以有多少 MB 的傳輸量。也就是説至少要到 **8Mbps** 以上，才表示你的網路速度每秒鐘可以傳輸 **1MB** 以上：

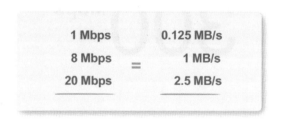

在了解了 Mbps 和 MB /s 的概念與換算方式後，現在就讓我們來做一個網速單位換算器吧！

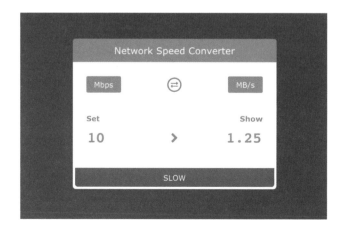

檢視專案原始碼

另外，這個專案的所有程式碼都會放上 Github，在許多單元的最後會放上對應的網址，這個網址會長的像這樣：

https://github.com/pjchender/learn-react-from-hooks-internet-speed-converter/tree/master

雖然完整的網址很長，但在網址中 /tree/ 後面的路徑會是所謂的 git 的分支名稱（branch），讀者們如果不清楚什麼是分支並沒有關係，只要知道這個分支的名稱，就可以在專案的 Github 網站上透過「切換分支」的方式進入該單元對應的程式碼內容：

切換分支的方式只需要到本專案的 Github 網址，點擊分支（branch）的圖示後，會跳出此專案的所有分支名稱，讀者只需要根據該單元的分支名稱切換即可：

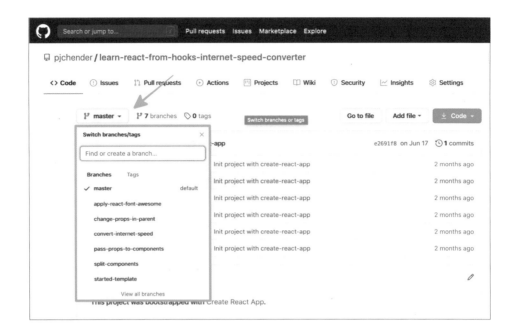

除了可以透過切換分支檢視該單元完整的程式碼之外，進到某一分支後，也可以點擊右側的「時間」按鈕，將可以檢視每次程式碼變更的歷史紀錄：

這個一筆一筆的紀錄，在 Git 中被稱作 commit，方便讓開發者可以檢視每次程式碼的變更內容有哪些。

筆者一般會把該單元有變更的部分放在最上面的 commit，因此讀者點了「時鐘」的圖示後，一般來說選擇最上面的 commit 即可：

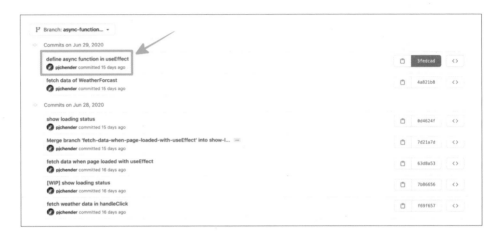

接著就可以看到該單元程式碼變更的部分，所有變更都會標明的清清楚楚。讀者們也可以透過右側的「Unified」和「Split」來街換不同的檢視方式：

換你了！ 前往專案的 Github 網址看看吧！

現在請你到下方連結：

 https://github.com/pjchender/learn-react-from-hooks-internet-speed-converter

預設會直接進入名為 master 的分支，這也會是整個專案最後會完成的樣子。現在要請你練習看看：

- 切換到 pass-props-to-components 這個分支
- 透過「時鐘」按鈕，檢視這個分支最後一個 commit 修改了哪些程式碼

3-2 使用 Create React App 工具建立專案

有別於上一章我們在 CodePen 上透過 CDN 的方式載入 React 套件後進行計數器的開發，現在我們要在電腦本機上進行 React 專案的開發，而這也是多數前端工程師在開發專案時所用的方式。

這裡將會使用 React 官方提供的 Create React App 這個工具來快速建立專案。在這個單元中會先簡單說明 Create React App 的安裝方式與建立專案的指令，在後面的章節才會更進一步說明整個專案的資料夾結構。另外，如果你對於 npm 指令或 create-react-app 有一定使用經驗的話，可以略過這個單元。

安裝 Node.js

首先 Create React App 是一套 CLI（Command Line Interface）工具，也就說這套工具會需要使用者在終端機（Terminal）透過指令的方式來操作。看到這裡，沒操作過終端機的讀者可能會感到有些卻步，先不用擔心，這裡只要照著指令依序操作即可。

> **TIPS**
>
> 在這裡我們並不會說明太多終端機操作指令，讀者可以依照提供的指令輸入即可，若想要了解更多終端機的其他指令，同樣在 CodeCademy 上有免費的教學課程，需要的話可以自行練習。

過去 JavaScript 只能在瀏覽器上執行，無法脫離瀏覽器的環境獨自運行，後來有開發者將 Chrome 瀏覽器底層使用的 V8 引擎進行移植和擴充後，推出了 Node.js。現在，只要我們在電腦上安裝了 Node.js 後，JavaScript 就可以在本機電腦上執行，而不會再被侷限在瀏覽器的環境下。

也是在有了 Node.js 後，開發者才可以將 JavaScript 的工具透過指令安裝在電腦上運行，像是這裡的 Create React App 這套工具。

為了要在電腦上安裝 Create React App 這套工具，需要先到官方網站下載 Node.js 進行安裝，現在你可以到下面這個連結，根據你的作業系統下載安裝檔：

https://nodejs.org/en/download/

這裡你會看到除了作業系統之外，還包含了兩個不同的選項：

- LTS（Long Term Support）：表示這個版本會由官方長期維護，通常會持續至少 30 個月以上的問題修正
- Current：具有當前最新的功能，但有些功能未來可能還會有變更或較不穩定

這裡請選擇 LTS 的版本，接著根據你的作業系統點選上方圖示後，即可下載安裝檔：

安裝檔下載後只需要依照步驟完成安裝即可。

> **TIPS**
>
> 每年 Node.js 都會推出一個新的版本，其中偶數版本都會是 LTS，若你看到的版本與此圖不同，只需根據你看到的項目，一樣選擇 LTS 的版本進行安裝即可。

透過 VSCode 打開終端機以確認安裝成功

Visual Studio Code（簡稱 VS Code）是由微軟開發的免費程式編輯器，由於功能非常完整，又具備開源的性質，是 JavaScript 開發者近年來使用的主流編輯器之一。

由於 VS Code 內建就已經整合了終端機在內，在這裡我們會以這個編輯器來

做操作說明，若你並非使用此編輯器，也可以打開系統內建的終端機來進行
操作。

Visual Studio Code 下載：https://code.visualstudio.com/

> **TIPS**
>
> 若你並非使用 VS Code 的話，也可以打開電腦上的終端機軟體。若你是
> Windows 的使用者，可以在這裡 https://cmder.net/ 下載 cmder 這個
> 應用程式，開啟後即會顯示一個終端機的畫面；若你是 Mac 的使用者，
> 可以在應用程式中找到名為「終端機（Terminal）」的應用程式，點擊即
> 可開啟。

現在可以自行建立一個資料夾，並在資料內開啟 VS Code，在上面工具列有
一個 Terminal 的選項，可以點擊 New Terminal：

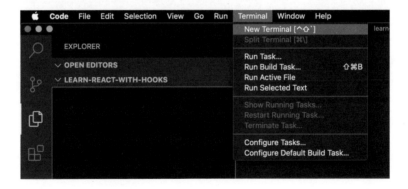

開啟後請你在終端機中輸入：

```
$  node  -v
```

> **TIPS**
>
> 一般在閱讀終端機的指令時，最前方會有一個 $ 的符號，只需輸入 $ 後
> 面的指令到終端機中即可，不需要輸入 $ 這個符號。

順利的話，應該會看到你所安裝的 node.js 版本，如果有看到版本的話就表示已經成功安裝 Node.js 在電腦上了（這裡顯示筆者安裝的版本是 v16.15.0）：

使用 create-react-app 建立 React 專案

接著可以輸入下面的指令，在 create-react-app 後面接的是你希望建立的專案名稱，這裡取做 internet-speed-converter：

```
# 使用 create-react-app 建立名為 internet-speed-converter 的專案
$ npx create-react-app internet-speed-converter
```

這時候你應該會看到終端機一直在下載資料，最後專案的資料夾中就多了一個名為 internet-speed-converter 的資料夾，這就是透過 create-react-app 建立好的 React 專案。接下來我們就要切換到這個專案資料夾中繼續進行 React 專案的開發。

接著你可以在終端機中輸入：

```
$ cd internet-speed-converter # 切換進去 internet-speed-converter 的資料夾
$ npm start                    # 啟動 React 專案
```

由於 create-react-app 已 經 幫 開 發 者 寫 好 對 應 的 指 令，因 此 當 我 們 輸入 npm start 後，就 可 以 把 React 專 案 啟 動 起 來，接 著 到 瀏 覽 器 輸 入 localhost:3000，就可以看到預設的畫面：

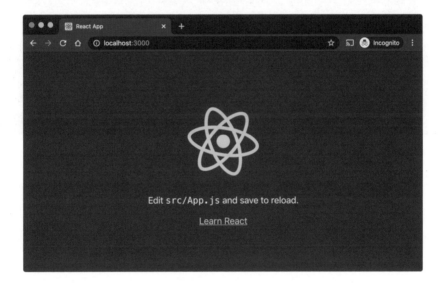

這是 React 幫開發者建立好的開發用伺服器，之後進行開發時，我們都會透過 npm start 這樣的指令來啟動專案，若想要終止伺服器，只需要在終端機上按下「Ctrl + C」即可停止它。

檢視專案結構

現在，在 internet-speed-converter 資料夾中，你會看到已經有許多支預設的檔案，以目前的網速轉換器來說，我們只需要編輯 src/app.js 和 src/app.css 這兩支檔案即可：

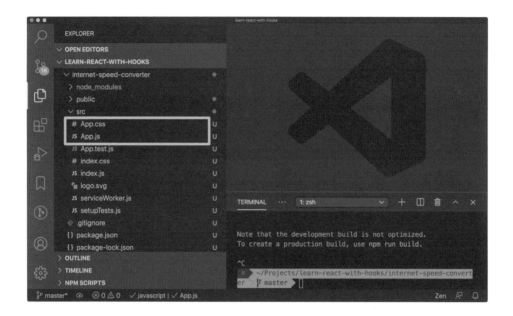

src/index.js

在 `src/index.js` 中，你會看到不同於在 CodePen 時使用 CDN 載入 React 和 ReactDOM 的方式，這裡我們直接使用 `import` 語法把 React 相關的套件載入，而 **App** 這支檔案則是一個 React 元件，它就類似上個單元中我們建立的 Counter 元件一樣，只是這裡有透過模組的方式，把程式碼進行拆分。

接著和先前使用的程式碼一樣，透過 `ReactDOM.createRoot` 將 React 掛載到一個 DOM 元素上，這裡會掛載到 id 為 root 的 div 上：

```
import React from 'react';
import ReactDOM from 'react-dom/client';
import App from './App';
// 省略部分程式碼 ...

const root = ReactDOM.createRoot(document.getElementById('root'));
root.render(
```

```
  <React.StrictMode>
    <App />
  </React.StrictMode>
);
```

你可以能會好奇這個 id 為 root 的 div 在哪呢？你可以切換到 **public** 資料夾中有一支 **index.html**，這裡就是去選取這支 html 檔中的 **\<div id="root">\</div>**。

src/app.js

這支是我們主要會編輯的檔案，它就是一個 React 元件，可以看到它和我們先前寫的 Counter 元件很類似，就是一個會回傳 JSX 的函式：

```
import logo from './logo.svg';
import './App.css'; // 匯入並套用 CSS 檔案

function App() {
  return <div className="App">{/* ... */}</div>;
}

export default App;
```

一般來説，最後會透過 export default 來匯出該元件。

src/app.css

這裡面會放套用在 **src/app.js** 中 CSS 樣式，你可以把它想像成我們在 CodePen 時使用的 CSS 區塊，在這支檔案所定義的 class 都可以在 App 這個元件中使用 **className** 的方式來套用。

換你了！ 啟動專案看看

現在換你動手做做看了，試著在電腦上安裝 Node.js，並透過 create-react-app 來建立 React 專案，接著透過 `npm start` 看能不能成功啟動專案，並於瀏覽器上看到對應的畫面，最後則透過 VS Code 來檢視一下專案的結構吧。

> **TIPS**
>
> 如果你對於終端機的操作比較沒有經驗的話，可能會對這些指令有些陌生，但不用因為陌生而感到畏懼，現階段你只需要大致了解，並且照著完成就可以了，若對於終端機的操作想要了解更多的話，可以到 CodeCademy 上透過免費課程加以學習。

3-3 建立網速單位轉換器的 UI

本單元對應的專案分支為：started-template。

讀者可以順便跟著複習上一章中 JSX 的部分，最終完成的畫面會像這樣子：

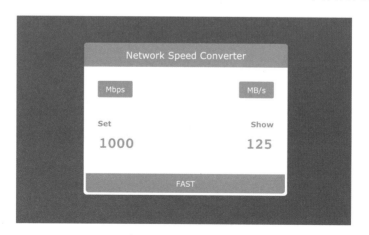

這個部分會是單純的 HTML 和 CSS，讀者們可以跟著下面的內容，在 CodePen 上練習把 UI 建立出來；或者也可以先檢視完成後程式碼，並搭配下面的內容閱讀：

https://codepen.io/PJCHENder/pen/LYGbzxz

HTML 部分

我們會根據下圖將整個 UI 切成不同的 HTML 區塊：

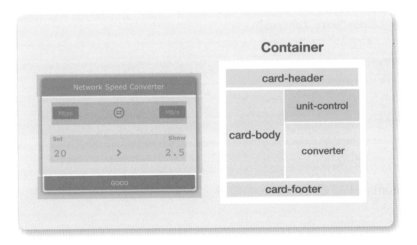

先從最外層的大架構開始著手：

```
<div class="container">
  <div class="card-header"><!-- ... --></div>
  <div class="card-body"><!-- ... --></div>
  <div class="card-footer"><!-- ... --></div>
</div>
```

card-header 和 card-footer 的部分較單純，放個標題就可以，分別對應到卡片的上面和下面：

```
<div class="container">
  <div class="card-header">Network Speed Converter</div>
  <div class="card-body">
    <!-- ... -->
  </div>
  <div class="card-footer">FAST</div>
</div>
```

比較複雜的是 card-body 的部分，這裡一樣把它切成上下兩個部分，分別是 unit-control 和 converter：

```
<!-- ... -->
<div class="card-body">
  <div class="unit-control">
    <!-- ... -->
  </div>
  <div class="converter">
    <!-- ... -->
  </div>
</div>
<!-- ... -->
```

unit-control 和 converter 的部分，裡面則都分別切分成左、中、右三個區塊。

unit-control

unit-control 對應到的是 card-body 中顯示單位和圖示的部分：

```
<!-- ... -->
<div class="unit-control">
  <div class="unit">Mbps</div>
```

```
  <span class="exchange-icon fa-fw fa-stack">
    <i class="far fa-circle fa-stack-2x"></i>
    <i class="fas fa-exchange-alt fa-stack-1x"></i>
  </span>

  <div class="unit">MB/s</div>
</div>
<!-- ... -->
```

converter

converter 則是讓使用者可以輸入網速，並得到換算結果的地方：

```
<!-- ... -->
<div class="converter">
  <div class="flex-1">
    <div class="converter-title">Set</div>
    <input type="number" class="input-number" min="0" />
  </div>

  <span class="angle-icon fa-2x" style="margin-top: 30px">
    <i class="fas fa-angle-right"></i>
  </span>

  <div class="text-right flex-1">
    <div class="converter-title">Show</div>
    <input type="text" class="input-number text-right" value="125"
disabled />
  </div>
</div>
<!-- ... -->
```

CSS 部分
. . . .

CSS 的部分因為不是這本書的重點，所以我們已經先完成了，讀者可以直接
點開完成的 CodePen，檢視加上 CSS 樣式後的畫面：

https://codepen.io/PJCHENder/pen/LYGbzxz

換你了！ 轉換成 React Component 吧

現在，我們已經完成了網速單位轉換器的 HTML 和 CSS 部分，可以在這裡檢視程式碼的部分：

https://codepen.io/PJCHENder/pen/LYGbzxz

現在要請你試著把它整合到本地專案中的 React Component 內，這裡請讀者可以照著這麼做：

1. 將 CSS 的部分複製到 `./src/App.css` 這支檔案中

2. 將 HTML 的部分複製到 `./src/App.js` 中，把 App 這個元件變成網速單位換算器，因此會像這樣：

```
import './App.css';

function App() {
  return (
    <div class="container">
      <div class="card-header">Network Speed Converter</div>
      <!-- ... -->
      <div class="card-footer">FAST</div>
    </div>
  );
```

```
    }

export default App;
```

3. 接著根據我們對 JSX 的了解，原本的 CSS **class** 需要全部改用 **className**

4. 在 HTML 中我們有用到了行內樣式（inline-style），請你試著改用 JSX 中行內樣式的寫法，例如 **style={{ marginTop: 30 }}**

5. 透過 **npm start** 啟動專案

這時候你應該會發現頁面上的圖示沒有正常呈現，這是因為這裡我們使用的是一個第三方的圖示工具，稱作 Font Awesome，但因為我們還安裝使用，所以圖示還沒辦法正常呈現。這個部分會在這個章節中，等我們了解更多關於 React 元件的使用方式後，最後再來套用這個工具。

如果一切都順利的話，當你打開瀏覽器，連接到 **localhost:3000** 時，應該會看到網速單位轉換器的畫面出現在瀏覽器中了。畫面應該會長得像這樣：

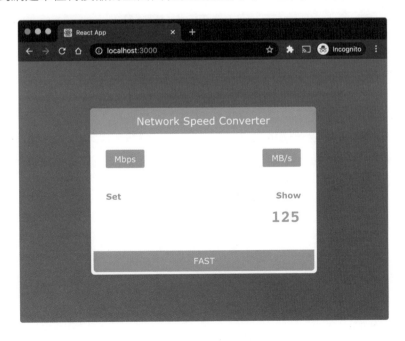

提醒讀者關於本單元的程式碼都可以在專案的 started-template 分支中檢視完整的程式碼，並可以點擊「時鐘」圖示即可檢視本單元程式碼有變更的部分。

本單元相關之網頁連結、完整程式碼與程式碼變更部分可於 started-template 分支檢視，在這裡我們主要更動了 src/App.css 和 src/App.js 這兩支檔案：

https://github.com/pjchender/learn-react-from-hooks-internet-speed-converter/tree/started-template

3-4 React 中表單的基本應用

本單元對應的專案分支為：convert-internet-speed。

雖然現在畫面上的圖示還沒辦法正常顯示，但在這個單元中，我們會先來了解如何在 React 中取得使用者在表單所輸入的資料。本單元完成後，使用者可以透過在左邊的 input 欄位輸入 Mbps 的數值後，直接在右邊得到轉換後的 MB/s，如下圖所示：

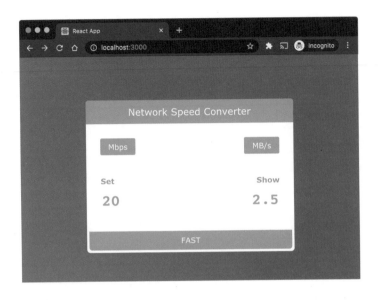

使用 input 提供使用者輸入資料的地方

首先要能夠將 Mbps 轉換成 MB/s 之前，一定需要先知道使用者輸入了什麼內容，因此在網速單位轉換器中，在 .converter 區塊內有 <input /> 標籤是要讓使用者輸入的：

```
function App() {
  return (
    <div className="container">
      <div className="card-header">Network Speed Converter</div>
      <div className="card-body">
        <div className="unit-control">…
        </div>
        <div className="converter">
          <div className="flex-1">
            <div className="converter-title">Set</div>
            <input type="number" className="input-number" min="0" />
          </div>
          <span className="angle-icon fa-2x" style={{ marginTop: 30 }}>…
          </span>
          <div className="text-right flex-1">…
          </div>
        </div>
      </div>
      <div className="card-footer">FAST</div>
    </div>
  );
}
```

在 input 元素上綁定 onChange 事件

和之前學到綁定點擊事件的方式相同，若要監控使用者在 `<input />` 欄位中輸入了什麼，可以使用 onChange 事件，可以在 `<input />` 內加上 onChange，在後面的 {} 內透過 console.log 來看看是否會觸發此事件，像是這樣：

```
<div className="flex-1">
  <div className="converter-title">Set</div>
  <input
    type="number"
    onChange={() => console.log('onChange')}
    className="input-number"
    min="0"
  />
</div>
```

現在當使用者在左側的對話框中輸入數字時，應該就可以在瀏覽器的 console 視窗中看到一直會跳出 onChange 的訊息。

透過 useState 讓 React 明白資料的變化

現在雖然在使用者輸入對話框的訊息時，會觸發 onChange 事件，但和上一章中曾提過的一樣，只是監聽事件 React 並沒辦法得知它內部是否有任何資料改變，因此也不會知道是不是需要重新轉譯畫面。

為了要讓使用者在輸入左側的 Mbps 時，右側 MB/s 在畫面上的值能夠連動改變，因此需要把使用者輸入的內容透過 state 紀錄在 React 元件中，一但 React 發現這個 state 的內容有改變時，就會重新轉譯畫面。要在 React 元件中紀錄資料，就會用上一章使用過 useState 這個 React Hooks。

STEP 1 **載入 useState 方法**

和上一章中可以載入 **useState** 的方法不同，因為上一章是直接使用 CDN 載入 React 套件，這裡我們是把 React 套件下載到本機電腦上，因此要使用 React 或其內部的 **useState** 方法的話，都需要透過 **import** 的方式：

```
import { useState } from 'react';
```

STEP 2 **使用 useState 方法**

還記得 **useState()** 這個 React Hooks 的使用方式嗎？這個方法可以帶入參數當作預設值，呼叫之後會回傳兩個值，其中一個是 state，另一個是用來改變 state 的方法，因此在這裡我們可以把預設值設為 0，並取得 **inputValue** 和 **setInputValue** 這兩個回傳值：

```
function App() {
  // 定義 state，取得預設值為 0 的 inputValue 和修改該狀態的 setInputValue 方法
  const [inputValue, setInputValue] = useState(0);

  return {
    /* ... 省略 ... */
  };
}
```

STEP 3 **定義 onChange 的事件處理器**

在上個章節實作計數器的時候，我們是定義使用者點擊按鈕後的事件處理器，這裡則是要定義使用者輸入內容時的事件處理器，也就是要把使用者輸入的內容先透過 **e.target.value** 的方式取出來，然後透過 **setInputValue** 這個方法，請 React 幫我們更新 **inputValue** 這個 state 的資料。如此，當使用者輸入的資料有變更時，React 就能夠馬上知道：

```
function App() {
  const [inputValue, setInputValue] = useState(0);

  // 定義事件處理器
```

```
const handleInputChange = (e) => {
  const { value } = e.target;
  setInputValue(value);
};

return {
  /* ... 省略 ... */
};
}
```

TIPS

在 React 中，常使用 handle 當作事件處理器命名的開頭，例如 onClick 對應到 handleClick，onChange 對應到 handleChange。

STEP 4 把 onChange 事件換成寫好的事件處理器

最後，只需要把剛剛在 input 上寫的 onChange 事件改成這裡寫好的事件處理器即可。另外，要留意的地方是，這裡的 input 元素中，需要把 inputValue 這個 state 帶到 <input> 的 value 屬性中，像是這樣：

```
{
  /* 畫面左側的 input */
}
<div className="flex-1">
  <div className="converter-title">Set</div>
  <input
    type="number"
    onChange={handleInputChange}
    value={inputValue}
    className="input-number"
    min="0"
  />
</div>;
```

STEP 5　讓畫面右邊的 input 值也同步更新

在還沒有實作單位換算的功能之前，我們先讓右側的 input 欄位直接顯示使用者輸入的內容，如果能夠正常顯示的話，最後我們只需要做簡單的數學換算就可以了：

```
{/* 畫面右側的 input */}
<div className="text-right flex-1">
  <div className="converter-title">Show</div>
    <input
      type="text"
      className="input-number text-right"
      disabled
      value={inputValue}
    />
  </div>
</div>
```

現在當使用者在左側輸入內容時，右側的數值就會跟著同步變動。

STEP 6　加上單位換算的功能

最後我們只需要加上單位換算的功能就完成了，在前面的單元中我們有提到 `1 Mbps = 0.125 MB/s`，也就是 `Mbps` 的值除以 8 才會是 `MB/s`：

1 Mbps		0.125 MB/s
8 Mbps	=	1 MB/s
20 Mbps		2.5 MB/s

因此，要正確的單位轉換，只需要修改右側 `<input />` 中的 `value`，讓它是使用者輸入的值除以 8 即可，也就是 `value={inputValue/8}`：

```
{/* 畫面右側的 input */}
<div className="text-right flex-1">
  <div className="converter-title">Show</div>
```

```
<input
  type="text"
  className="input-number text-right"
  disabled
  value={inputValue / 8}
  />
 </div>
</div>
```

了解畫面更新的邏輯

現在當使用者在左側輸入內容時（Mbps），右側就會馬上顯示換算好的網速（MB/s）。先前我們有提到，在 React 中是透過資料變動來驅動畫面更新，讓我們用同樣的觀念來思考一下這裡畫面是如何更新的。

使用者之所以能夠在畫面的右側看到自己輸入的內容，是因為下面這一連串過程導致畫面重新轉譯後，才把最新的 **inputValue** 顯示在使用者的畫面上：

換你了！ 完成網速單位換算的功能

現在要請你試著參考上面的步驟與說明，試著完成網速單位換算的功能，讓使用者在左側 Mbps 的欄位中輸入資料時，右側就會即時顯示對應 MB/s 的值，主要過程會包含：

- 使用 **useState** 建立 React 狀態（state）
- 定義 **handleInputChange** 事件，當使用者輸入內容時能夠更新資料狀態

- 將 handleInputChange 透過 onChange 和 ＜input＞ 進行綁定
- 在畫面左側 input 欄位中透過 value 欄位以更新資料
- 在畫面右側 input 欄位中透過 value / 8 的欄位以達到單位換算

畫面將會像這樣：

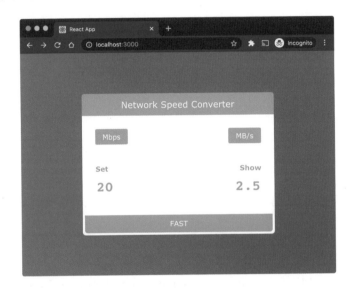

現在網速單位換算的功能已經完成了，接下來會先說明 React 中元件拆分和資料間傳遞的重要觀念，最後才來透過元件的方式，讓圖示能夠正確呈現在畫面。

本單元相關之網頁連結、完整程式碼與程式碼變更部分可於 convert-internet-speed 分支檢視，在這個單元中我們僅修改了 ./src/App.js 這支檔案，如果實作上有碰到任何問題的話，都可以到下面的連結檢視完整的程式碼：

https://github.com/pjchender/learn-react-from-hooks-internet-speed-converter/tree/convert-internet-speed

3-5 React 元件的拆分

本單元對應的專案分支為：split-components。

先前，我們在整個頁面中都只使用了一個 React 元件，並把所有的 HTML 結構都包在這個元件中，但是當專案一大起來之後，一個頁面中若包含所有的 HTML 結構、邏輯判斷等等，將會變得難以管理，你可以想像一支檔案打開來後有好幾萬行，要如何找到想要修改的元素呢？

因此在 React 中，元件除了能方便開發者重複使用外，還有一點是讓開發者去管理各個「功能獨立」的元素，再把每個元件都拆分成獨立的 JS 檔案後，管理上就會方便許多了。

在這個單元中最後呈現的畫面不會有太大的變化，但元件和檔案的拆分則會有明顯的不同。

讀者們可以先留意一下，這裡我們會先把 `<div className="unit-control">...</div>` 和 `<div className="card-footer"> ...</div>` 的部分先進行元件的拆分；對於中間的 `<div className="converter"> ...</div>` 區塊，因為會需要更多資料傳遞的觀念，為了避免一次吸收太多的資訊而難以消化，因此會在後面的單元再來拆分這個部分。

拆出 UnitControl 元件

React 元件的拆分非常簡單，其實你早就會了。舉例來說，現在想要把 `<div className="unit-control">...</div>` 的這個區塊拆成一個獨立的元件：

```
return (
  <div className="container">
    <div className="card-header">Network Speed Converter</div>
    <div className="card-body">
      <div className="unit-control">
        <div className="unit">Mbps</div>
        <span className="exchange-icon fa-fw fa-stack">…
        <div className="unit">MB/s</div>
      </div>
      <div className="converter">…
    </div>
    <div className="card-footer">FAST</div>
  </div>
);
```

只需要透過函式定義一個新的 React 元件，名稱就取為 **UnitControl**，要留意的是 React 元件的命名是使用大寫駝峰，因此首字需要大寫，同時因為這個元件單純只是要回傳 JSX 而沒有要做其他處理，所以可以在箭頭函式的 **=>** 後直接回傳 JSX 即可，像這樣：

```
const UnitControl = () => (
  <div className="unit-control">
    <div className="unit">Mbps</div>
    <span className="exchange-icon fa-fw fa-stack">
      <i className="far fa-circle fa-stack-2x" />
      <i className="fas fa-exchange-alt fa-stack-1x" />
    </span>
    <div className="unit">MB/s</div>
  </div>
);
```

這樣就完成了一個名為 **<UnitControl />** 的 React 元件，只需要在你想要使用它的地方帶入即可，像是下圖這樣：

```
const UnitControl = () => (
  <div className="unit-control">
    <div className="unit">Mbps</div>
    <span className="exchange-icon fa-fw fa-stack">
      <i className="far fa-circle fa-stack-2x"></i>
      <i className="fas fa-exchange-alt fa-stack-1x"></i>
    </span>
    <div className="unit">Mb/s</div>
  </div>
);

function App() {
  // ...

  return (
    <div className="container">
      <div className="card-header">Network Speed Converter</div>
      <div className="card-body">
        <UnitControl />
        <div className="converter">...
      </div>
    </div>
    <div className="card-footer">FAST</div>
  </div>
  );
}
```

建立 CardFooter 元件

除了 `<UnitControl />` 可以拆分成獨立的元件外，我們也進一步把 `<div class="card-footer">...</div>` 的部分拆成一個獨立的元件，像這是這樣：

```
const CardFooter = () => <div className="card-footer">FAST</div>;
```

接著同樣在原本的位置把這個元件套用進去：

```
function App() {
  // ...

  return (
    <div className="container">
      <div className="card-header">Network Speed Converter</div>
      <div className="card-body">
        <UnitControl />
```

```
      <UnitConverter />
    </div>
    <CardFooter />
  </div>
  );
}
```

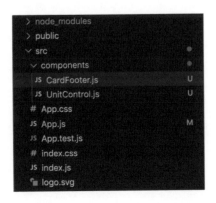

TIPS

這裡讀者可能會有些困惑，CardFooter 才一行而已為什麼要拆成一個元件？這主要是因為在後面的單元中將會對它做更多的變化，因此這裡實作時先把它進行拆分。

檔案拆分

現在你會發現在同一支 **App.js** 中就包含了三個 React 元件，目前因為程式碼還不多，所以不會感到太過複雜，但未來如果內容變多或需要在元件中進行邏輯運算時，在一支檔案中包含多個元件就不會是太好的做法。好在透過 ES Module 系統，可以把元件拆分成不同的檔案。

新增 components 資料夾

現在我們先在 **src** 中新增 **components** 資料夾，並分別在裡面新增 **UnitControl.js** 和 **CardFooter.js** 這兩支檔案，檔案目錄會長像這樣：

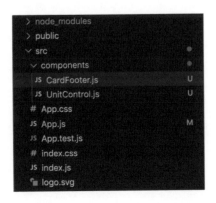

建立 UnitControl 檔案

接著在 `src/components/UnitControl.js` 中，先匯入 React 套件，把原本寫在 `App.js` 中的 `UnitControl` 元件剪下放進來，然後用 `export default` 加以匯出：

```
// ./src/components/UnitControl.js

const UnitControl = () => <div className="unit-control">{/* ... */}
</div>;

export default UnitControl;
```

建立 CardFooter

同樣的，把原本寫在 `App.js` 中的 `CardFooter` 元件剪下放進來，然後用 `export default` 加以匯出：

```
// ./src/components/CardFooter.js

const CardFooter = () => <div className="card-footer">FAST</div>;

export default CardFooter;
```

在 App.js 中匯入 Component

最後，回到 `App.js` 中，只需要把剛剛 export 的元件匯入即可直接使用，程式碼幾乎不用動：

```
// .src/App.js
import { useState } from 'react';
import UnitControl from './components/UnitControl';
import CardFooter from './components/CardFooter';
import './App.css';
```

```
function App() {
  // ...
}
export default App;
```

換你了！ 試著拆分 React 元件吧

現在要請你試著把 **UnitControl** 和 **CardFooter** 這兩個元件拆分出來，分別放在 **components** 資料夾中的 **UnitControl.js** 和 **CardFooter.js**。拆分完之後，一樣記得透過 **npm start** 來把專案啟動起來，這時候的畫面應該一樣可以正常顯示，並且沒有任何不同：

- 在 **./src/components/UnitControl.js** 中建立 UnitControl 元件
- 在 **./src/components/CardFooter.js** 中建立 CardFooter 元件
- 在 **./App.js** 中匯入 UnitControl 和 CardFooter
- **npm start** 確認專案能正確啟動

在這個單元中，對於中間的 **<div className="converter">...</div>** 區塊還沒有進行元件的拆份，這是因為這個區塊有綁定事件在內，會需要更多資料傳遞的觀念，為了避免一次吸收太多的資訊而難以消化，因此會在後面的單元再來拆分這個部分。

在下一個單元中我們要先讓 CardFooter 的文字和顏色能根據網速而有不同的呈現方式。

本單元相關之網頁連結、完整程式碼與程式碼變更部分可於 split-components 分支檢視：

https://github.com/pjchender/learn-react-from-hooks-
internet-speed-converter/tree/split-components

3-6 React 元件間的資料傳遞

本單元對應的專案分支為：pass-props-to-components。

在上一個單元中已經拆分出了兩個獨立的 React 元件 - **UnitControl** 和 **CardFooter**。現在我們想要讓 **CardFooter** 能夠根據使用者輸入的網速快慢來顯示不同的文字內容和顏色樣式。

在上一章中，我們已經學過如何讓 JSX 能夠根據不同的資料狀態來呈現不同的內容，所以條件轉譯和動態切換 CSS 樣式的方式其實你應該已經知道了。比較不一樣的地方是，現在使用者輸入的網速 **inputValue** 這個狀態是保存在 **App** 這個元件中，而 **CardFooter** 是一個獨立的元件，CardFooter 並沒有辦法直接知道 App 中 **inputValue** 的值是多少，必須要把這個值從 App 傳遞到 CardFooter 後，CardFooter 才會知道 **inputValue** 的值。因此這裡我們就需要先來了解如何在 React 各元件之間進行的資料傳遞。

透過 props 在元件間傳遞資料狀態

先讓我們用一張圖來描述當前網速單位換算器的結構：

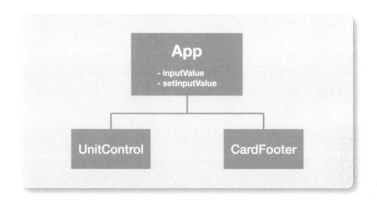

從上圖中可以看到，在專案中現在一共有三個 React 元件，其中最上層的 **App** 裡面會包含 **inputValue** 這個狀態（state）和用來改變這個狀態的 **setInputValue** 這個方法。

接著在 App 這個元件中還匯入並使用了 **UnitControl** 和 **CardFooter** 這兩個元件，在這樣的關係中，我們會說 **App** 是父層元件（parent component），**UnitControl** 和 **CardFooter** 是子層元件（child component）。

> **TIPS**
>
> 父層和子層是相對的概念，例如這裡 UnitControl 是 App 的子層元件，但若在 UnitControl 中還有匯入並使用另一個元件，這時候 UnitControl 則會是另一個元件的父層元件。

從這張圖中我們可以看到，因為 **inputValue** 的狀態是保存在 **App** 中，因此 CardFooter 並沒有辦法直接知道 **inputValue** 的值。在 React 中，子層元件如果想要得到父層元件的資料狀態，只需要透過 props 的方式來傳送資料就可以了：

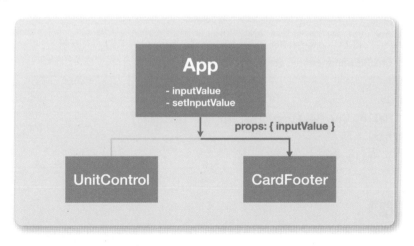

講解完了概念之後，讓我們來看具體要怎麼做。

父層透過 props 傳遞資料

父層要傳遞 props 到子層的方式非常簡單，假設現在我們有名為 ChildComponent 的子層元件，想要把父層元件中的 **firstName** 和 **lastName** 這兩個資料傳遞進 ChildComponent 中，只需要透過像是 HTML 屬性的方式傳進去就可以了：

```
// 父層元件
// STEP 1: 將資料透過 html 屬性的方式傳入 component 內
const ParentComponent = () => (
  <ChildComponent firstName="Aaron" lastName="Chen" />
);
```

子層元件接收 props 資料的方式

接著子層元件 ChildComponent 只需要透過「函式參數」的方式來接收父層元件傳進來的 firstName 和 lastName 即可。這裡我們透過在函式參數中帶入 **props** 這個參數，即可取得父層傳進來的資料，透過 **props.firstName** 和 **props.lastName** 就可取得對應的值：

```
// 子層元件
// STEP 2: 在該 component 內可以透過參數 props 取得傳入的資料
const ChildComponent = (props) => {
  return (
    <h1>
      Hello, {props.firstName} {props.lastName}
    </h1>
  ); // Hello, Aaron Chen
};
```

> **TIPS**
>
> 這裡慣例上會把函式參數的名稱稱作 props 但實際上名稱是可以自由命名的。

在取用 props 的時候，會習慣使用解構賦值直接把需要的變數取出來，因此在取用 **props** 的地方會像這樣寫：

```
// 透過解構賦值把 props 內需要用到的變數取出
function ChildComponent(props) {
  const { firstName, lastName } = props;
  return (
    <h1>
      Hello, {firstName} {lastName}
    </h1>
  ); // Hello, Aaron Chen
}
```

甚至更精簡到連 **props** 都不命名了，直接在參數中透過解構賦值取出來用：

```
// 透過解構賦值直接在「函式參數的地方」把需要用到的變數取出
function ChildComponent({ firstName, lastName }) {
  return (
    <h1>
      Hello, {firstName} {lastName}
    </h1>
  ); // Hello, Aaron Chen
}
```

上面這些都是很常見的寫法。

將 inputValue 傳遞到 CardFooter 中使用

回到網速單位換算器，現在想要把父層元件 App 的資料 inputValue 透過 props 傳到子層的 CardFooter 元件中，只需要透過像是 HTML 屬性的方式傳進去就可以了。

透過 props 將 inputValue 從 App 傳入 CardFooter

我們可以在 `<App />` 元件中使用 `<CardFooter />` 的地方，把想要傳入的資料透過 `<CardFooter key={value} />` 的方式傳入，在 value 的地方把想要傳遞到 CardFooter 的資料值帶入，也就是 inputValue；在 key 的地方，方便起見我們一樣取名為 inputValue，但這並不是一定的，名稱同樣可以自行命名，而這個 key 會用在 CardFooter 接收 props 時使用：

```
// ./src/App.js

function App() {
  //...

  return (
    <div className="container">
      {/* ... */}
      {/* STEP 1: 把想要傳入 CardFooter 的資料透過 key={value} 的方式傳入 */}
      <CardFooter inputValue={inputValue} />
    </div>
  );
}
```

TIPS

> key 的命名主要是讓子層元件取用 props 時使用，並沒有硬性規定要用什麼名稱，只是這裡剛好都取做 inputValue。

在 CardFooter 從 props 取得 App 傳進來的 InputValue

接著在 `<CardFooter />` 的元件中，就可以在參數中透過 props 取得傳進來的資料，props 本身會是一個物件，因此一樣可以透過解構賦值的方式，把想要的資料取出：

```
// STEP 2：透過 props 取得從父層傳入的資料
const CardFooter = (props) => {
  const { inputValue } = props;

  // ...
};
```

整個流程會像這樣：

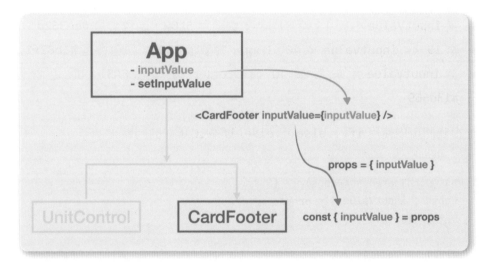

如果你對於 **props** 還不是這麼熟悉的話，也可以在 <CardFooter /> 中透過 `console.log(props)` 把它呈現出來看一下。

換你了！ 在 CardFooter 取得 App 的 inputValue

現在輪到你練習把 App 中的狀態 **inputValue** 透過 props 傳遞到 CardFooter 中，實做的流程會像是這樣：

- 在 App 中透過 html 標籤的方式把 **inputValue** 傳到 CardFooter 元件
- 在 CardFooter 中，透過函式參數的方式，取得 App 傳進來的 props
- 在 CardFooter 中透過 `console.log(props)` 確認有得到 props

▶ 根據 inputValue 改變 CardFooter 的樣式

現在我們已經可以在 CardFooter 取得 App 中的資料狀態，最後要來根據這個 inputValue 搭配前一章說明的條件轉譯和動態 CSS 樣式來讓 CardFooter 可以動態改變。

這裡的邏輯會是這樣：

- 當 inputValue 沒有輸入時，Footer 會顯示 ---，顏色會是 #d3d8e2
- 當 inputValue 小於 15 時，Footer 會顯示 SLOW，顏色會是 #ee362d
- 當 15 <= inputValue < 40，Footer 會顯示 GOOD，顏色會是 #1b82f1
- 當 inputValue 大於等於 40 時，Footer 會顯示 FAST，顏色會是 #13d569

這裡我們可以使用 if...else...else if 做出類似的判斷：

```
// ...
const CardFooter = (props) => {
  const { inputValue } = props;
  let criteria = {};

  if (!inputValue) {
    criteria = {
      title: '---',
      backgroundColor: '#d3d8e2',
    };
  } else if (inputValue < 15) {
    criteria = {
      title: 'SLOW',
      backgroundColor: '#ee362d',
    };
  } else if (inputValue < 40) {
    // ...
  } else if (inputValue >= 40) {
    // ...
```

```
  }

  // ...
};
```

接著在最後 return JSX 的地方，把對應的背景顏色和標題帶進去就可以了：

```
return (
  <div
    className="card-footer"
    style={{
      backgroundColor: criteria.backgroundColor,
    }}
  >
    {criteria.title}
  </div>
);
```

完成後，當使用者輸入的數字不同時，CardFooter 就會對應出現不同的文字內容和顏色：

換你了！ **根據 inputValue 改變 CardFooter 的文字內容和樣式**

在已經取得 App 中的 inputValue 後，要請你根據 inputValue 來讓 CardFooter 顯示不同的內容和背景樣式，類似的流程如下：

- 建立判斷 inputValue 來顯示不同內容和背景樣式的邏輯
- 將判斷後的結果以變數和 style 的方式帶入 JSX 中

本單元相關之網頁連結、完整程式碼與程式碼變更部分可於 pass-props-to-components 分支檢視：

https://github.com/pjchender/learn-react-from-hooks-internet-speed-converter/tree/pass-props-to-components

3-7 子層元件如何修改父層元件的資料狀態

本單元對應的專案分支為：change-props-in-parent。

在前一個單元中，我們已經知道怎麼把資料的狀態當成 props 傳入子層元件中，但除了資料狀態之外，函式或用來改變資料狀態的方法也可以透過 props 傳入。

先前為了避免一次帶入太多觀念，還沒有把 `<div className="converter">` `...</div>` 拆成一個獨立的元件，現在就讓我們來看一下可以怎麼做，還有實作上會碰到什麼問題吧！

UnitConverter 元件的拆分

和 UnitControl 元件一樣，我們先在 components 資料夾中新增一支名為 UnitConverter.js 的檔案，內容就把 `<div className="converter">...</div>` 中的內容給剪進來：

```
// ./src/components/UnitConverter.js

const UnitConverter = () => <div className="converter">{/* ... */}
</div>;

export default UnitConverter;
```

接著同樣在 App.js 中把 UnitConverter 這個元件匯入：

```
// ./src/App.js
import UnitConverter from './components/UnitConverter';
// ...

function App() {
  // ...

  return (
    {/* ... */}
      <div className="card-body">
        <UnitControl />
        <UnitConverter />
      </div>
    {/* ... */}
  );
}

export default App;
```

這時候如果讀者透過 npm start 把專案啟動的話，會看到這樣的錯誤訊息：

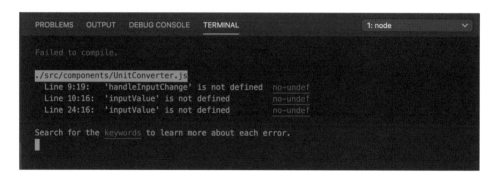

這個錯誤訊息的意思是說，在 UnitConverter 這個元件中，找不到
handleInputChange 和 inputValue 這個兩變數。

透過 props 傳遞需要的資料與函式

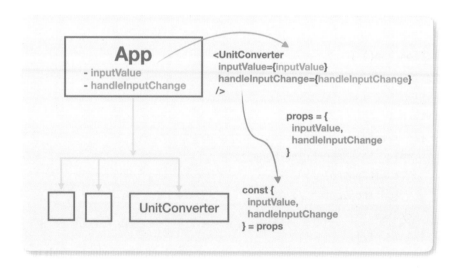

這是因為在 UnitConverter 中有使用到 inputValue 和 handleInputChange 這
兩個變數，但這兩個變數原本是放在 App 中，還沒有透過 props 傳進去，這

時我們只需要用上一個單元中所學的，透過 props 把這兩個變數從 App 傳入
到 UnitConverter 就可以了，像是這樣：

```
// ./src/App.js

const handleInputChange = (e) => {
  const { value } = e.target;
  setInputValue(value);
};

// ...
return (
  {/*...*/}
  <UnitConverter
    inputValue={inputValue}
    handleInputChange={handleInputChange}
  />
)
```

這裡你可以留意到，在 JavaScript 中函式本身就和物件一樣，因此
handleInputChange 一樣可以透過 props 傳到子層元件中。

回到子層的 UnitConverter 元件中，接著這裡一樣透過參數的方式就可以取
得父層元件 **props** 傳進來的內容，接著在透過物件的解構賦值把需要的資料
或函式取出即可：

```
// ./src/components/UnitConverter
const UnitConverter = (props) => {
  const { handleInputChange, inputValue } = props;
  return /* ... */;
};
```

同樣的，也可以直接在函式參數的地方就直接做解構賦值的動作，同時因為
UnitConverter 這個元件並不需要做其他事情，可以直接回傳 JSX，因此回傳

的內容可以直接放在箭頭函式的 => 後面，就不需要再加上大括號 { }，像是
這樣：

```
const UnitConverter = ({ handleInputChange, inputValue }) => (
  <div className="converter">{/* ... */}</div>
);
```

到這裡我們就完成了 UnitConverter 元件的拆分。

重要：子層元件不可直接修改父層元件傳入的 props

這裡要特別說明一個很重要的觀念，不論是在 CardFooter 或 UnitConverter
元件中，我們都有透過 props 取得父層 App 元件中的 **inputValue** 來使用。
在 React 元件間的資料傳遞中有一個非常重要的概念，就是「只有該資料的
擁有者可以去修改資料」，什麼意思呢？

以這裡來說，你可以看到 **inputValue** 是在 App 中被建立，它是該資料的
擁有者，雖然透過 props 可以把 **inputValue** 的值傳遞到 UnitConverter 和
CardFooter 中，但這兩個子層元件只能讀取 **inputValue** 的值，它們是沒有
權限去修改 **inputValue** 的。

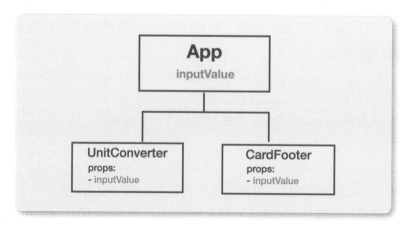

雖然子層不能直接修改父層的 props，但是它可以請父層幫他完成這個資料修改的動作。實際上來說，就是先把修改資料的函式在父層定義好，像是 **App** 元件中的 `handleInputChange` 這個修改 `inputValue` 的方法，接著一樣透過 props 把這個方法傳到子層內。

現在當子層需要修改父層的資料狀態時，就只需要呼叫 `handleInputChange` 這個方法，即可修改父層傳入的 props。

換你了！ 動手拆分 UnitConverter 元件吧

現在換你動手來把 UnitConverter 拆成一個獨立的元件了，可以參考下面的步驟：

- 在 `components` 資料夾中新增 `UnitConverter.js` 的檔案
- 把原本在 **App** 中 `<div className="converter">...</div>` 的部分剪下到 `UnitConverter` 中
- 將 App 元件中的 `handleChange` 和 `inputValue` 透過 props 傳遞到子層元間
- 在 UnitConverter 元件中透過函式的參數 props 取得 App 傳入資料和函式

本單元相關之網頁連結、完整程式碼與程式碼變更部分可於 change-props-in-parent 分支檢視：

https://github.com/pjchender/learn-react-from-hooks-internet-speed-converter/tree/change-props-in-parent

3-8 使用 React FontAwesome

本單元對應的專案分支為：apply-react-font-awesome。

現在我們已經完成了網速單位換算器的所有功能，最後我們要來完成一開始沒有處理的圖示部分。在這個專案中的圖示都是來自 FontAwesome 這套工具，這套工具提供許多圖示給網頁開發者使用，其中部分圖示是免費的，部分則需要額外付費，而在這個專案中只需使用到免費的圖示。

為什麼會需要等到講完元件的部分後才來實作圖示的功能呢？這是因為這裡使用的 FontAwesome 是專門寫給 React 使用的，因此已經包裝成元件的形式可以直接套用，現在就讓我們來完成圖示的部分吧！

安裝 React FontAwesome

這裡我們會使用 Node.js 的套件管理工具（Node Package Manager）來安裝 FontAwesome 到專案當中，只需要 VS Code 的終端機中下述指令即可完成安裝：

```
$ npm i --save @fortawesome/fontawesome-svg-core @fortawesome/react-
fontawesome @fortawesome/free-regular-svg-icons @fortawesome/free-
brands-svg-icons @fortawesome/free-solid-svg-icons
```

> **TIPS**
>
> 這裡雖然名稱是 fontawesome，但它是放在 @fortawesome 這裡面，
> 你並沒有拼錯字喔！

這裡你會發現要使用 React FontAwesome 這個工具一共需要安裝 5 個對應
的套件：

- 其中 `fortawesome/fontawesome-svg-core` 和 `@fortawesome/react-`
`fontawesome` 算是把 FontAwesome 變成 React 元件加以使用的核心部分。

- 其餘的三個 `@fortawesome/free-regular-svg-icons`、`@fortawesome/`
`free-brands-svg-icons` 和 `@fortawesome/free-solid-svg-icons`
則是 FontAwesome 將所有圖示分成三類，分別是 regular、brands 和
solid 這三類。

React FontAwesome 的使用

▶ 註冊 React FontAwesome 中會用到的圖示

這裡我們會用 FontAwesome 提供的最基本功能，也就是顯示圖示的部
分。使用時會需要在最上層的元件，也就是 **App.js** 這支檔案中註冊
FontAwesome 工具：

```
// App.js
import { library } from '@fortawesome/fontawesome-svg-core';
import { fab } from '@fortawesome/free-brands-svg-icons';
import { fas } from '@fortawesome/free-solid-svg-icons';
import { far } from '@fortawesome/free-regular-svg-icons';

library.add(fab, fas, far);
```

> **TIPS**
>
> 在這裡為了說明上的方便，我們把 FontAwesome 提供的所有圖示都載
> 入進來，但實際使用時，為了避免載入的檔案太過龐大影響使用者瀏覽的
> 速度，通常只會載入有用到的圖示。

▶ 在需要的地方使用 React FontAwesome 元件

接著在需要使用 FontAwesome 圖示的地方，只需要按照下面的步驟即可使用：

```
// STEP 1：在想要使用圖示的地方匯入 React FontAwesome
import { FontAwesomeIcon } from '@fortawesome/react-fontawesome';

export const Gadget = () => (
  <div>
    {/* STEP 2：套用 FontAwesome 提供的 microsoft 圖示 */}
    <FontAwesomeIcon icon={['fab', 'microsoft']} />
  </div>
);
```

這裡你會發現到，要選擇套用哪一個圖示的方式，就和把 props 傳入子層元件的方式一樣，只需要在 `<FontAwesomeIcon />` 這個元件中使用 `icon={...}` 帶入就可以了。至於要怎麼知道有哪些圖示可以使用，每個圖示對應的名稱為何，就需要到 FontAwesome 的官方網站（https://fontawesome.com/）檢視了。

網速單位換算器中使用到的圖示

回到網速單位換算器中，同樣需要先在 **App.js** 中註冊 React FontAwesome 會使用到的圖示：

```
// App.js
import { useState } from 'react';
import { library } from '@fortawesome/fontawesome-svg-core';
import { fab } from '@fortawesome/free-brands-svg-icons';
import { fas } from '@fortawesome/free-solid-svg-icons';
import { far } from '@fortawesome/free-regular-svg-icons';
// ...
```

```
library.add(fab, fas, far);

function App() {
  /* ... */
}
```

接著，我們一共有兩個元件有使用到 FontAwesome 的圖示。

UnitControl

第一個是 UnitControl 這個元件，在原本的 JSX 中我們有寫：

```
<!-- ./src/components/UnitControl.js -->
<i className="far fa-circle fa-stack-2x"></i>
<i className="fas fa-exchange-alt fa-stack-1x"></i>
```

這種寫法是一般使用 FontAwesome 的寫法，但因為現在是在 React 元件中使用 FontAwesome 提供的元件，就需要改成：

```
// ./src/components/UnitControl.js
import { FontAwesomeIcon } from '@fortawesome/react-fontawesome';

const UnitControl = () => (
  {/* ... */}
    <span className="exchange-icon fa-fw fa-stack">
      <FontAwesomeIcon icon={['far', 'circle']} className="fa-stack-2x" />
      <FontAwesomeIcon icon={['fas', 'exchange-alt']} className="fa-
        stack-1x" />
    </span>
  {/* ... */}
);

export default UnitControl;
```

UnitConverter

在 UnitConverter 中，原本的 JSX 中有寫：

```
<span className="angle-icon fa-2x" style={{ marginTop: 30 }}>
  <i className="fas fa-angle-right"></i>
</span>
```

這同樣是一般 FontAwesome 的寫法，轉成 FontAwesome 的元件後會變成：

```
import { FontAwesomeIcon } from '@fortawesome/react-fontawesome';

const UnitConverter = ({ handleInputChange, inputValue }) => (
  {/* ... */}
    <span className="angle-icon fa-2x" style={{ marginTop: 30 }}>
      <FontAwesomeIcon icon={['fas', 'angle-right']} />
    </span>
  {/* ... */}
);
```

現在圖示的部分就都可以正常顯示了！

換你了！ 套用 React FontAwesome 元件

現在換你透過 React FontAwesome 這個工具來套用 FontAwesome 所提供的圖示，你可以參考下方的步驟：

- 透過 npm 安裝 React FontAwesome 對應的套件
- 在 **App.js** 中註冊會使用到的 FontAwesome 圖示
- 在需要的元件中（**UnitConverter** 和 **UnitControl**）中將原本的 **<i>** 標籤改成使用 **<FontAwesomeIcon />** 這個元件

本單元相關之網頁連結、完整程式碼與程式碼變更部分可於 apply-react-font-awesome 分支檢視：

https://github.com/pjchender/learn-react-from-hooks-internet-speed-converter/tree/apply-react-font-awesome

在 JavaScript 中
撰寫 CSS 樣式

4-1 「台灣好天氣」App 專案說明

單元核心

這個單元的主要目標包含：

- 了解專案最終完成的畫面
- 清楚專案程式原始碼放置的位置
- 可以透過切換分支檢視不同單元的程式碼
- 可以透過 commit 檢視程式碼變更的部分

在前面的章節中，我們主要說明了 React 的基礎部分，包含 JavaScript 語法、JSX 的建立、動態 CSS 樣式、條件轉譯（conditional rendering）、以及迴圈的用法等等，並且談到如何進行元件的拆分、如何透過 props 在元件間傳遞資料，以及使用了第一個 React Hooks - useState。

在繼續往下前，希望讀者可以花 5 分鐘的時間簡單回顧一下這些片段，同時還有一點很重要的是，希望讀者可以思考一下，相較於沒有使用 React 的情況下，React 幫助到了開發者什麼部分？為什麼需要使用前端框架來開發網站？還有為什麼需要將元件進行拆分？

有了 React 的基本觀念後，在後續的章節中會著重在 React Hooks 的學習。我們將會透過實際串接中央氣象局的 API 資料來學習與熟練各種 React Hooks，說明不同 Hooks 使用的時機點與須留意的細節。

在後續的章節中，我們會來實作一個「「台灣好天氣」- 即時天氣 App」，這次不只是在本地完成，還會發布到 Github Pages 上，讓你的親朋好友們都可以觀看使用，並且進一步包裝成 Web App 的方式，讓使用者也可以加入到手機桌面上。

最終完成的畫面會像這樣子：

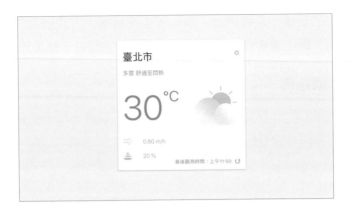

同時還支援最流行的深色主題：

有沒有很興奮，迫不急待想要來完成呢！？

專案說明

相較於前面的計數器和網速單位換算器，「台灣好天氣」因為是一個較為完整的網頁應用程式，因此會更加複雜。我們將會把整個應用程式的實作過程拆成許多不同的章節和單元來加以說明，一開始會說明如何註冊並申請 API、React 專案的建立與資料結構、在 React 元件中使用 JS 來撰寫 CSS 的方式、最後則是更多 React Hooks 的整合應用。

在每一個章節的最後，都會附上「換你了」的段落，方便讀者快速理解每一單元中實作的流程，讀者們可以參考這個流程，完成每一個單元的內容。

▶ 檢視專案原始碼

另外，這個專案的所有程式碼都會放上 Github，在許多單元的最後會放上對應的網址，這個網址會長的像這樣：

雖然完整的網址很長，但在網址中 **/tree/** 後面的路徑會是所謂的 git 的分支（branch）名稱，讀者們如果不清楚什麼是分支並沒有關係，只要知道這個分支的名稱，就可以在專案的 Github 網站上透過切換分支的方式進入該單元對應的程式碼內容：

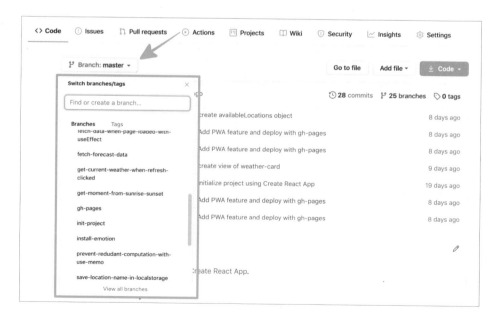

除了可以透過切換分支檢視該單元完整的程式碼之外，進到某一分支之後，
也可以點擊右邊側的「時間」按鈕，將可以檢視每次程式碼變更的歷史紀
錄：

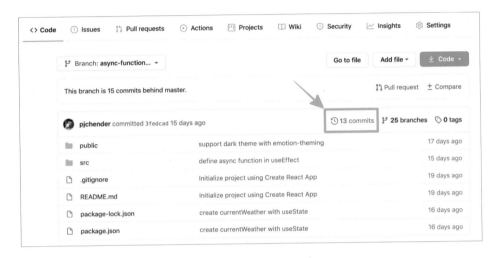

這在 Git 當中稱作 commit，方便讓開發者可以檢視每次程式碼的變更內容
有哪些。筆者一般把該單元有變更的部分放在最上面的 commit，因此讀者
點了「時鐘」的圖示後，一般來説選擇最上面的 commit 即可：

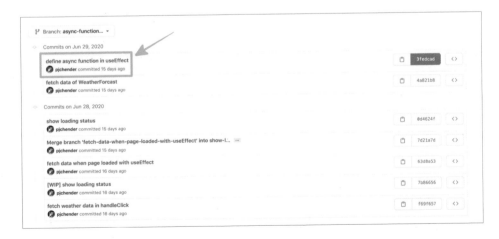

接著就可以看到該單元程式碼變更的部分，所有變更的內容都標明得清清楚

楚。讀者們也可以透過右側的「Unified」和「Split」來切換不同的檢視方式：

最後，在 Github 專案上的說明中，一併列出了每個單元對應的分支網址，讓讀者們盡可能不用透過手動輸入網址的方式來前往該網址。舉例來說，在「單元 4-2：認識專案資料夾結構與檔案下載」中，對應到的 Github 分支為 `init-project`，因此讀者可以切換到此分支後檢視該單元中所有使用到的網址連結，如此就不需要手動輸入每個網址連接：

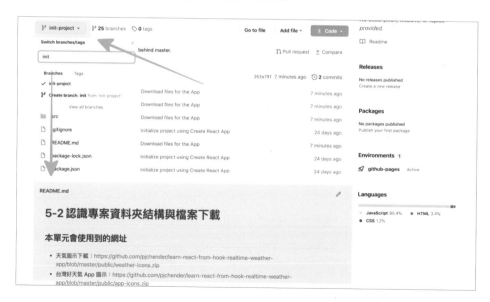

另外,如果每個單元有額外補充的內容,為了不影響讀者在閱讀時的流暢性,將會把這些補充內容,放在該分支的說明頁面中。

換你了! 前往專案的 Github 網址看看吧!

現在請你到下方連結:

https://github.com/pjchender/learn-react-from-hook-realtime-weather-app

預設的情況下,會直接進入到名為 **main** 的分支,這也會是整個專案最後會完成的樣子。現在要請你練習看看:

- 切換到 **create-ui** 這個分支
- 透過「時鐘」按鈕,檢視這個分支最後一個 commit 修改了哪些程式碼

4-2 認識專案資料夾結構與檔案下載

本單元對應的專案分支為:**init-project**。

單元核心

這個單元的主要目標包含:

- 使用 create-react-app 建立專案
- 了解 create-react-app 中的資料夾結構
- 下載專案所需的圖檔,並放置到對應的資料夾中
- 下載專案所需的資料檔,並放置到對應的資料夾中

與上一個章節的「網速單位換算器一樣」，在「台灣好天氣」這個專案中一樣會使用 Create React App 這個 CLI 工具來建立專案，同時會對這個工具產生的資料夾結構做更多的說明。

由於在這個單元中會需要請讀者下載許多專案後續會使用到的檔案，因此讀者可先開啟下方連結，與本單元有關的網址都將放在名為 `init-project` 這個分支的說明文件中：

https://github.com/pjchender/learn-react-from-hook-realtime-weather-app/tree/init-project

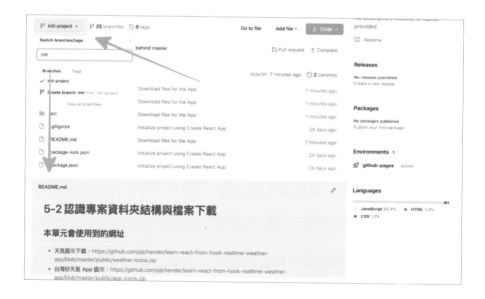

建立專案

首先在想要建立專案的資料夾中，透過 VSCode 內的終端機或系統內的終端機，輸入以下指令：

```
# realtime-weather-app 是專案名稱，可以自己取名
npx create-react-app realtime-weather-app --template cra-template-pwa
```

TIPS

在這段指令的最後面可以使用 --template <template-name> 來依據特定的模板建立 React 專案，一般來說，如果沒有特別的需求是可以省略的。這裡選擇使用 cra-template-pwa 這個模板是因為專案的最後我們會用到 PWA（Progressive Web App）的部分功能。

接著再使用 VSCode 將專案資料夾打開，這裡筆者將專案名稱命名為 realtime-weather-app，執行完畢後就會產生對應的 React 專案資料夾。

啟動預設的專案

當我們使用 create-react-app 建立好 React 專案後，你會看到裡面已經預先建立好了一些檔案，此時可以試著啟動此專案：

```
$ cd realtime-weather-app    # 進入剛剛建好的專案資料夾中
$ npm start                  # 啟動專案
```

如下圖所示：

這個 React 專案就可以立即啟動，終端機中會顯示這個專案開發用的網址，預設會是 `http://localhost:3000`。

一般來說，將會自動打開瀏覽器並進到 `http://localhost:3000`，若沒有自動開啟的話，讀者也可以自行打開瀏覽器進入開網址，你將會看到如下的畫面：

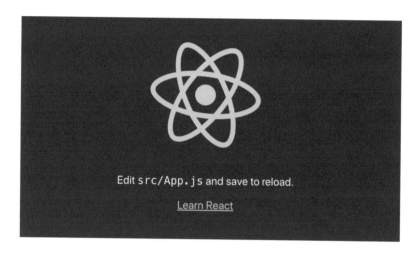

若順利看到這個畫面，這就表示你成功使用 create-react-app 建立了 React 專案！

當你想要停止這個開發用伺服器時，只需要在終端機按下 `Ctrl+C` 即可停止。

了解資料夾結構

在上一個章節中因為我們的架構比較單純，只需要在 `src` 裡做簡單的修改，因此沒有說明其他的資料夾部分，現在，我們可以來了解一下透過 create-react-app 所建立的 React 專案中的資料夾結構。

打開 VSCode 後，可以看到左邊包含了幾個資料夾和檔案，主要包含 `public` 和 `src` 這兩個資料夾：

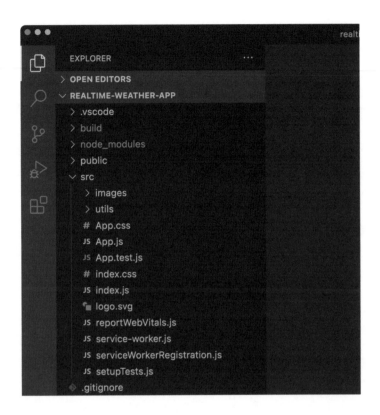

public 資料夾

在 **public** 資料夾中主要是放靜態檔案,也就是不需要再經過任何前處理
(preprocess)或編譯(compile)的檔案。這裡可以看到一支 **index.html**,
這支檔案內容很單純,主要就是 **<div id="root"></div>** 讓 React 知道要
把內容轉譯在哪個 **div**:

```html
<!-- ./public/index.html -->
<!DOCTYPE html>
<html lang="en">
  <!-- ... -->
  <body>
    <noscript>You need to enable JavaScript to run this app.</noscript>
```

```
    <div id="root"></div>
  </body>
</html>
```

src 資料夾

src 資料夾則是之後最常會使用到的資料夾，在這裡面會放許多的 React 元件，這許多的 JS 檔通常會需要先透過 webpack 編譯打包成一支（或更多支）JS 檔讓 **index.html** 去使用。

在上一個章節中，我們已經看過這個資料夾中的 **index.js** 檔，這支檔案主要是用來把撰寫好的 React 元件透過 **ReactDOM.**createRoot**()** 這個方法和 DOM 結合，其中包含幾個步驟：

1. 先載入 react 和 react-dom/client 這兩個套件，前者是 React 主要的套件，後者則是用來讓 React 元件能夠和 HTML DOM 相連接用的。

2. 載入 CSS 和 React 元件。

3. 最後透過 react-dom 提供的 ReactDOM.createRoot() 這個方法，讓 React 知道要把元件綁在哪一個 HTML DOM 元素，並透過 render() 方法來轉譯要顯示的 React 元件。

```
// STEP 1：載入 React 相關套件
import React from 'react';
import ReactDOM from 'react-dom/client';

// STEP 2：載入 CSS 和 React 元件
import './index.css';
import App from './App';
// ...

// STEP 3：將 React 元件和 HTML DOM 元件綁定
const root = ReactDOM.createRoot(document.getElementById('root'));
root.render(
```

```
  <React.StrictMode>
    <App />
  </React.StrictMode>
);
```

最後是 App.js 這支檔案，這支檔案你應該相當熟悉，檔案中有一個名為 **App** 的 React 元件，並且可以透過 **import** 的方式把 CSS 或其他 JS 檔載入：

```
// ./src/App.js

function App() {
  return (
    <div className="App">
      {/* ... */}
    </div>
  );
}

export default App;
```

下載專案中會用到的檔案

接下來會請讀者把需要用到的檔案下載到專案中，分別包含天氣圖示、「台灣好天氣」App 圖示、日出日落資料。

下載天氣圖示

先下載專案中會用到的天氣圖檔，大家可以到下方 Github 連接中找到 Download 的按鈕後進行下載：

https://github.com/pjchender/learn-react-from-hook-realtime-weather-app/blob/main/public/weather-icons.zip

下載解壓縮後，會發現裡面有很多的天氣圖示，這是專案稍後會使用到的，現在請你在 **src** 資料夾中，新增一個名為 **images** 的資料夾，並把這些圖檔放到這個資料夾中：

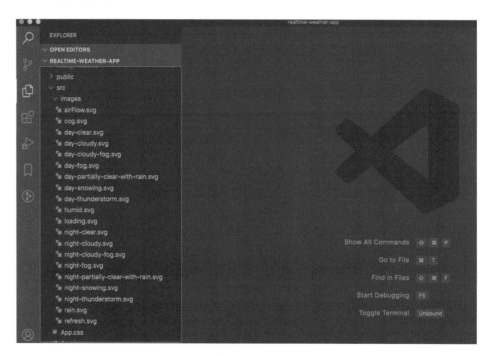

下載「台灣好天氣」App 圖示

由於最後會將這個 Web 網頁包裝成可以在手機上開啟的 App，而 App 一定會有對應的圖示，因此要請讀者到下方連結，一樣透過 Download 按鈕即可下載：

「台灣好天氣」App 圖示：https://github.com/pjchender/learn-react-from-hook-realtime-weather-app/blob/main/public/app-icons.zip

下載解壓縮後，請把這些 App 圖示放到專案的 **public** 資料夾內：

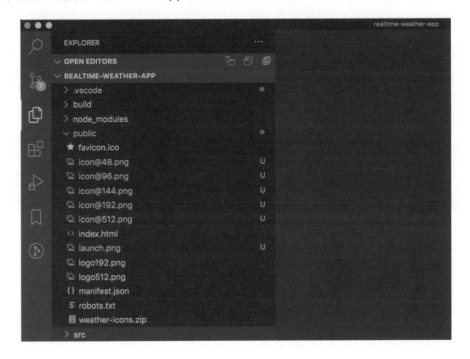

下載日出日落資料

由於在「台灣好天氣」專案中，將會根據白天／夜晚自動切換亮／暗色主題，為了要能夠判斷白天與夜晚，將會需要台灣各地區的日出日落資料。要請讀者們先於下方連結，一樣透過「Download」下載日出日落的時間資料：

日出日落資料：https://github.com/pjchender/learn-react-from-hook-realtime-weather-app/blob/main/src/utils/sunrise-sunset.json

請在 src 資料夾中，建立一個 utils 的資料夾，並把 sunrise-sunset.json 這支檔案放在 utils 資料夾中，如下圖所示：

換你了！ 把專案建立起來吧

現在要請你把專案的開發環境先透過 create-react-app 建立起來，並且把未來專案中會需要用到的檔案放到對應的資料夾中：

- 使用 create-react-app 建立專案
- 使用 npm run start 看看能否順利啟動專案
- 下載天氣圖示檔，解壓縮後放在 ./src/images 中
- 下載 App 圖示檔，解壓縮後放在 ./public 中
- 下載日出日落資料檔，將 sunrise-sunset.json 檔後放在 ./utils 中

本單元使用到的連結、完整程式碼與變更部分（時鐘圖示）可於 init-project 分支檢視：

https://github.com/pjchender/learn-react-from-hook-realtime-weather-app/tree/init-project

4-3　用 JavaScript 寫 CSS!? CSS in JS 的使用

本單元對應的專案分支為：install-emotion。

單元核心

這個單元的主要目標包含：

- 了解 CSS in JS 的概念
- 下載 emotion
- 使用 emotion 提供的 styled components 來建立元件

傳統的網頁開發上，我們會把所有的 CSS 樣式寫在一支或多支的 CSS 檔內，接著在 index.html 中透過 `<link rel="stylesheet" href="main.css" />` 的方式讓整個網站都能夠套用到這支 CSS 所撰寫的樣式。

上述這種方式因為所有的樣式都是作用在整個網頁的環境下，常會發生不小心命名了同樣的 class 名稱，導致樣式相互影響或彼此覆蓋，又或者發生某些樣式權重不夠的情況而難以調整，因此在 class 的命名上常常需要非常留意小心，進而也出現了許多對於 class 命名的不同規範和設計模式。

在這個單元中將會說明為什麼需要把 CSS 寫在 JS 檔案中，這麼做有什麼好處？並且實際透過 emotion 這個套件來實作。

為什麼要把 CSS 寫在 JS 中（CSS-in-JS）

現今前端框架中，因為可以把各個元件給拆分開來，每個不同功能的按鈕都可以是不同的元件，每個元件之間可以是獨立不互相干擾的，所以連 CSS 的樣式也都可以有元件的概念存在，也就是說，在某個元件內所撰寫的樣式，即使有相同 class 的命名，但在最後編譯後這些樣式都只會作用在該元件內，不會干擾到外層或其他元件的樣式。

這類把樣式連同元件寫在一起寫法稱作 CSS-in-JS，它的好處在於每個元件都是獨立可被重複使用，你不用再擔心改了 A 卡片的樣式卻不小心連 B 卡片的顏色也變了；也不用再擔心以為某支 CSS 檔案是多餘的，砍掉之後卻發生破版的情況，因為現在元件和樣式是綁在一起的，只要這個元件是完整的，那麼放到另一個地方去使用它時，外觀和功能也會是一樣的。

除此之外，既然 CSS 已經被放入的 JS 檔案中，如同把 HTML 寫在 JS 檔中的 JSX 一樣，這些 CSS 的樣式也將適用 JS 的語法。

> **TIPS**
>
> 透過把 CSS 寫在 JS 中的這種寫法，可以確保特定樣式只會作用在該元件，同時可以把 JS 中的一些邏輯判斷放到 CSS 使用。

現在，就讓我們來看看怎麼使用帶有樣式的元件吧！

> **TIPS**
>
> 實務上會同時搭配上述兩種做法，有些樣式仍會撰寫在全域環境，讓整個網頁都可以套用到該樣式（例如版型、主題、字體……等）；針對個別元件則會撰寫只用在該元件內的樣式。

CSS-in-JS 套件的選擇：emotion

React 中要讓每個元件帶有獨立樣式的做法很多，這裡我們會以 emotion 這個非常多人使用的套件來做說明。

emotion

The Next Generation of CSS-in-JS

emotion.sh

github

修改全域用的 CSS

在實際開始使用 emotion 前，讓我們先針對會影響到所有頁面的 CSS 來進行調整，這裡將會分成兩個部分。

安裝 normalize.css

由於不同瀏覽器預設的樣式會有些不同（例如，在 Chrome、Firefox、或 Safari 等不同瀏覽器中，預設的行高不同），因此在開始撰寫 CSS 前，為了讓各瀏覽器的基本樣式一致，開發者常會先定義一些樣式，目的是把瀏覽器預設的樣式加以覆蓋和重設，讓各瀏覽器的表現盡量一致，而 normalize.css 就是由眾多開發者共同整理讓瀏覽器能一致的樣式。

安裝的方式一樣會透過 npm，在終端機中輸入：

```
$ npm install --save normalize.css
```

接著打開 `src/index.js`，在最上方的地方透過 `import` 把 `normalize.css` 載入：

```javascript
// ./src/index.js
// ...
import 'normalize.css';

const root = ReactDOM.createRoot(document.getElementById('root'));
root.render(
  <React.StrictMode>
    <App />
  </React.StrictMode>
);
```

修改 index.css

接著我們要來針對全域環境下（也就是會影響到整個網站）的 CSS 樣式進行
調整，先打開 src/index.css 這支檔案，在檔案的最上面加入以下的 CSS
語法，目的是要讓我們後續完成的元件可以撐滿整個畫面：

```css
/* ./src/index.css */
html,
body {
  margin: 0;
  padding: 0;
  height: 100%;
  width: 100%;
}

#root {
  height: 100%;
  width: 100%;
}
```

> **TIPS**
>
> 在原本的 src/index.css 中，預設 React 針對字體和 <code> 區塊有做
> 了一些樣式的設定，這個部分對於「台灣好天氣」的專案開發沒有任何影
> 響，讀者可以選擇把這個預設的樣式移除。

在沒有 emotion 以前：定義 CSS 樣式並使用 className

修改完了全域的 CSS 樣式後，現在我們來修改 App 元件的樣式。

如同前幾個章節的做法，在沒有 emotion 之前，過去我們會透過定義 CSS Class 的方式，並將這些 Class 套用在元件的 className 屬性中。現在我們先照著過去的方法實作一次。

先在 ./src/App.css 的地方去修改 CSS 樣式，把原本的樣式都移除，建立 .container 和 .weather-card 這兩個 class：

```css
/* ./src/App.css */
.container {
  background-color: #ededed;
  height: 100%;
  display: flex;
  align-items: center;
  justify-content: center;
}

.weather-card {
  min-width: 360px;
  box-shadow: 0 1px 3px 0 #999999;
  background-color: #f9f9f9;
}
```

接著打開 ./src/App.js，把 create-react-app 預設幫我們產生的內容移，改成簡單的一個標題，並且套用剛剛寫好的兩個 CSS Class，分別是 container 和 weather-card：

```js
// ./src/App.js
import './App.css';

function App() {
  return (
```

```
    <div className="container">
      <div className="weather-card">
        <h1>Weather</h1>
      </div>
    </div>
  );
}

export default App;
```

現在透過 `npm start` 會自動幫我們啟動開發用的伺服器，接著進到 `http://localhost:3000/` 就可以看到已經改成對應的畫面：

改成使用 emotion 的 Styled Components

現在當我們要撰寫 CSS-in-js 的寫法時，就不用再需要使用 className 的方式來套用樣式，也不需要再載入額外的 `./src/App.css`，而是會把樣式和元件結合在一起。

安裝 emotion

這裡我們一樣會使用 Node.js 的套件管理工具（npm）來安裝 emotion。先使用 VSCode 打開專案資料夾，並於終端機輸入：

```
$ npm install @emotion/styled @emotion/react
```

安裝好了之後，你應該會發現在 **package.json** 的檔案中多了 **@emotion** 的部分：

載入 emotion 套件

接著把原本載入的 **./src/App.css** 移除，改成透過 **import** 載入 **@emotion/styled** 這個套件：

```javascript
// ./src/App.js
import styled from '@emotion/styled';
        // STEP 1：載入 emotion 的 styled 套件
// ...
```

撰寫 styled components

接著把原本定義在 **App.css** 中 CSS 樣式的內容，改成帶有樣式的元件，這種帶有樣式的元件稱作 styled component，這裡分別建立兩個名稱為 **container** 和 **weatherCard** 的 Styled Component。

> **TIPS**
>
> Styled Components 除了指的是帶有樣式的 React 元件外，也是一個套件的名稱。若你有過 React 的開發經驗，便可能聽過 Styled Components 這個套件，這個套件在 React 生態系中也非常多人使用，而 emotion 則是受 Styled Components 這個套件的啟發，將這樣的功能融入自己原本的套件功能中供開發者使用。
>
> 實際上，以筆者自己使用上的經驗，這兩個套件在 Styled Components 上的用法非常接近，學會其中一套後，在接觸另一套時，幾乎可以無痛轉移。

我們先把 container 改成元件的寫法：

```js
// ./src/App.js
import styled from '@emotion/styled';

// STEP 2：定義帶有 styled 的 component
const Container = styled.div`
  background-color: #ededed;
  height: 100%;
  display: flex;
  align-items: center;
  justify-content: center;
`;
```

■ 第一次看到這種寫法，相信你會覺得非常神秘且不習慣，要建立一個帶有樣式的 **\<div>** 標籤時，只需要使用 **styled.div**；如果要建立的是 **\<button>** 則是使用 **styled.button** 其他則以此類推。

■ 接著在 **styled.div** 後面加上兩個反引號（和 Template Literals 用的符號相同），在兩個反引號之間就可以直接撰寫 CSS。實際上這裡的 **styled.div** 是一個函式，而在函式後面直接加上反引號一樣屬於 Template Literals 的一種用法，只是比較少情況會這樣使用。

接著把 **weather-card** 也改成元件：

```
const WeatherCard = styled.div`
  position: relative;
  min-width: 360px;
  box-shadow: 0 1px 3px 0 #999999;
  background-color: #f9f9f9;
  box-sizing: border-box;
  padding: 30px 15px;
`;
```

這裡你可以特別留意到，React 元件都會以大寫駝峰來做命名，因此 **container** 或變成 **Container**，**weather-card** 變成 **WeatherCard**。另外原本的 CSS 樣式則會使用「樣板字面值」的反引號（數字 1 左邊的符號）包住。

TIPS

若想進一步了解在函式後面直接加上反引號的這種 Template Literal 用法，可於本單元 Github 上的說明頁面查看 JavaScript Template Literals and styled-components 這篇文章。

使用撰寫好的 styled component

剛剛我們寫好的 styled components 本質上就是 React 元件了！有沒有覺得很神奇！所以我們可以直接把它放到 JSX 中使用：

```
// ./src/App.js
// ...

// STEP 3：把上面定義好的 styled-component 當成元件使用
const App = () => {
  return (
    <Container>
      <WeatherCard>
        <h1>Weather</h1>
      </WeatherCard>
    </Container>
  );
};
```

現在可以再次使用 `npm start` 把專案啟動起來，你會看到和剛剛直接使用 className 的方式有一樣的畫面。

透過瀏覽器的開發者工具可以看到，這些帶有樣式的元件，最後都會帶上特殊的 **class** 名稱，並且套用上剛剛所撰寫的 CSS 樣式，而這也就是為什麼不同元件之間的 CSS 樣式不會相互干擾的原因。即使在不同元件中都定義了一個同樣名為 `<Container />` 的 styled-component，但因為它們最終會帶上不同的 class 名稱，因此元件間的樣式並不會相互干擾：

換你了！ 安裝並使用 emotion

現在換你實際來建立看看 Styled Components 吧！你可以參考下面的步驟加以完成：

- 安裝 emotion 相關套件，包含 **@emotion/react** 和 **@emotion/styled**
- 使用 emotion 提供的 **styled** 方法來建立 styled components，分別是 **Container** 和 **WeatherCard**
- 在 JSX 中套用建立好的 styled component
- 移除專案中用不到的檔案（**App.css, App.test.js, logo.svg**）

完成後，你可以到專案的 Github 網址，切換到名為 **install-emotion** 的分支即可檢視本專案的程式碼：

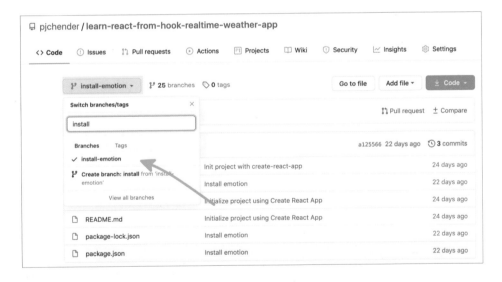

這裡再稍微提醒一下，如果你想要看這個單元的程式碼有哪些變更，可以點選右方的「時鐘」圖示：

選擇其中一個 commit 後：

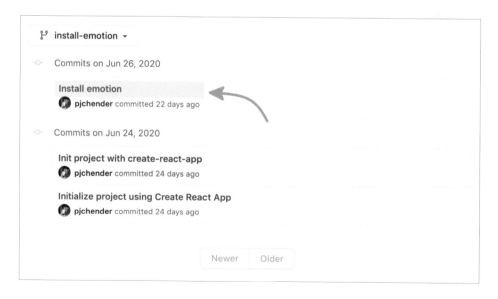

即可檢視本單元程式碼有變更的部分（一般筆者會放在最上面一個 commit）：

```
✓ 41 ████ src/App.js □                                                    ...

... @@ -1,25 +1,30 @@
  1    import React from 'react';                  1    import React from 'react';
  2  - import logo from './logo.svg';              2  + import styled from '@emotion/styled';
  3  - import './App.css';                          3
                                                   4  + const Container = styled.div`
                                                   5  +   background-color: #ededed;
                                                   6  +   height: 100%;
                                                   7  +   display: flex;
                                                   8  +   align-items: center;
                                                   9  +   justify-content: center;
                                                  10  + `;
                                                  11  +
                                                  12  + const WeatherCard = styled.div`
                                                  13  +   position: relative;
                                                  14  +   min-width: 360px;
                                                  15  +   box-shadow: 0 1px 3px 0 #999999;
                                                  16  +   background-color: #f9f9f9;
                                                  17  +   box-sizing: border-box;
                                                  18  +   padding: 30px 15px;
                                                  19  + `;
  4                                                20
```

在後面幾個單元中，讀者也都可以循著這樣的方式檢視各單元完整的程式碼以及該單元程式碼有變更的部分。

本單元使用到的連結、完整程式碼與變更部分（時鐘圖示）可於 **install-emotion** 分支檢視：

https://github.com/pjchender/learn-react-from-hook-realtime-weather-app/tree/install-emotion

4-4 使用 emotion 完成「台灣好天氣」UI

本單元對應的專案分支為：`create-ui`。

單元核心

這個單元的主要目標包含：

- 使用 emotion 完成「台灣好天氣」的完整 UI

切版拆解

在了解 emotion 的基本使用後，現在就可以實際使用 emotion 來完成「台灣好天氣」的 UI！

這個單元最後會完成的畫面如下：

TIPS

「台灣好天氣」的設計畫面主要是參考 imgur 上的圖片 (https://imgur.com/ZLgiOyj)，另外則會使用 IconFinder 上 The Weather is Nice Today 所提供的天氣圖示來完成（https://www.iconfinder.com/iconsets/the-weather-is-nice-today）。

這裡我們將根據下圖拆分成不同的 HTML 區塊：

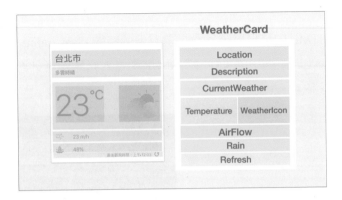

Location 元件

以 Location 這個區塊為例，我們預期它會是個 **div** 元素，因此要建立帶有樣式的元件，只需要：

```
// 定義帶有樣式的 `<Location />` 元件
// 在兩個反引號中放入該 Component 的 CSS 樣式
const Location = styled.div`
  font-size: 28px;
  color: #212121;
  margin-bottom: 20px;
`;
```

定義好之後，它就是一個 React 元件，可以直接把 **<Location />** 放入 JSX 中：

```
function App() {
  return (
    <Container>
      <WeatherCard>
        <Location> 台北市 </Location>
      </WeatherCard>
    </Container>
```

```
  );
}
```

而它最後在 HTML 中呈現出來就會是帶有一個特殊 class name 的 `<div>`，這個 class name（即下圖中的 `css-a7vwns`）則會對應到剛剛針對 `<Location>` 所撰寫的 CSS 樣式：

完成其他區塊的 Styled Components

接下來可以繼續根據本篇最上方的架構，完成其他的 styled components，因為 CSS 的內容並不是本書的重點，為了減少不必要的篇幅，大家可以直接到下方的連結將 styled components 的部分複製到 `./src/App.js` 中即可：

https://github.com/pjchender/learn-react-from-hook-realtime-weather-app/blob/create-ui/public/create-ui-styled-components.js

建立好帶有樣式的元件後，就可以根據上一個段落中架構好的區塊，依序把這些元件放入 App 元件的 JSX 中：

```javascript
// ./src/App.js
// ...
const App = () => {
  return (
    <Container>
      <WeatherCard>
        <Location> 台北市 </Location>
        <Description> 多雲時晴 </Description>
        <CurrentWeather>
          <Temperature>
            23 <Celsius>°C</Celsius>
          </Temperature>
        </CurrentWeather>
        <AirFlow> 23 m/h </AirFlow>
        <Rain> 48% </Rain>
        <Refresh> 最後觀測時間：上午 12:03 </Refresh>
      </WeatherCard>
    </Container>
  );
};
```

此時應該可以看到如下的畫面：

到目前還未載入任何和天氣有關的圖示。

在 React 中載入 SVG 圖示的方法

在前面的單元中，我們已經把天氣圖示放到 ./src/images 的資料夾中，由於這裡我們是使用 create-react-app 這個工具建立的 React 開發環境，多數的設定 create-react-app 都已經幫開發者設定好，所以要把 SVG 載入 React 中的方式很簡單，只需要使用 create-react-app 提供的 ReactComponent 這個元件即可。

實際來看應用的方式，這裡先以白天多雲的圖示（day-cloudy.svg）為例：

STEP 1-1 透過 import {...} from ... 將 ./images/day-cloudy.svg 匯入

STEP 1-2 在 {} 中使用 create-react-app 提供的元件 ReactComponent，透過 as 可以將這個元件名稱進行修改，這裡改成 DayCloudy

STEP 2 最後就可以把載入的 SVG 圖示當成 React 元件（<DayCloudy />）在 JSX 中使用

```
// STEP 1：使用 import { ReactComponent as xxx } from xxx 載入 SVG
import { ReactComponent as DayCloudy } from './images/day-cloudy.svg';
import { ReactComponent as RainIcon } from './images/rain.svg';

const App = () => (
  <div>
    {/* STEP 2：直接使用該 Component */}
    <DayCloudy />
    <RainIcon />
  </div>
);
```

> **TIPS**
>
> 上述這種載入 SVG 圖檔的方式需要使用 create-react-app 來建立專
> 案才可以使用,否則需要自行在 WebPack 中建立對應的設定才行。另
> 外,SVG 圖檔除了可以透過這裡所說的方式,做為 React 元件載入使
> 用外,也可以直接匯入 SVG 當成圖片使用,這個部分的說明可以參考本
> 單元放置於 Github 上的專案說明頁(分支 create-ui)。

將 SVG 圖示套用到「台灣好天氣」

現在就可以透過這種方式實際將天氣圖示放入 App 元件中。

▶ 天氣圖示說明

在 **./src/images** 中已經放了許多天氣圖示,這些圖示共可會分成三類,第
一類的圖示會在白天使用,檔名以 **day** 開頭,會以太陽作為基底;第二類的
圖示則在晚上使用,檔名以 **night** 開頭,會以月亮作為基底;其他的圖示則
沒有特別區分白天和晚上。

▶ 將需要使用的圖示載入

現在就讓我們來把相關的圖片載入進來,這些圖示分別是「白天多雲」、「風
速」、「降雨」、「重新整理」:

```js
// ./src/WeatherApp.js

// 載入圖示
import { ReactComponent as DayCloudyIcon } from './images/day-
cloudy.svg';
import { ReactComponent as AirFlowIcon } from './images/airFlow.svg';
import { ReactComponent as RainIcon } from './images/rain.svg';
import { ReactComponent as RefreshIcon } from './images/refresh.svg';

// ...
```

接下來就可以把這些圖示直接當成 Component 來使用，放入 JSX 中：

```
const App = () => {
  return (
    <Container>
      <WeatherCard>
        <Location>台北市</Location>
        <Description>多雲時晴</Description>
        <CurrentWeather>
          <Temperature>
            23 <Celsius>°C</Celsius>
          </Temperature>
          <DayCloudyIcon />
        </CurrentWeather>
        <AirFlow>
          <AirFlowIcon /> 23 m/h
        </AirFlow>
        <Rain>
          <RainIcon /> 48%
        </Rain>
        <Refresh>
          最後觀測時間：上午 12:03 <RefreshIcon />
        </Refresh>
      </WeatherCard>
    </Container>
  );
};
```

現在的畫面會像這樣子：

圖片帶進來後，因為沒有設定寬高，看起來會破版的有點嚴重。

調整 SVG 圖示的樣式

▶ 直接使用 CSS 選擇器來調整樣式

對於這些 SVG 的元件來說，最後轉譯到網頁的時候其實就是把 SVG 的程式碼放入 HTML 內，因此一樣可以透過 CSS 選擇器去選到對應的 SVG 後進行樣式的調整。這裡我們先調整一下 `<AirFlow />` 和 `<Rain />` 的部分。只須在當初定義 styled components 的地方去新增 CSS 修改 SVG 的樣式即可。

以 AirFlow 的元件來說，可以在裡面選到 **svg** 元素後進行樣式調整：

```
const AirFlow = styled.div`
  /* ... */
  svg {
    width: 25px;
    height: auto;
    margin-right: 30px;
  }
`;
```

同樣的，以 Rain 元件來説：

```
const Rain = styled.div`
  /* ... */
  svg {
    width: 25px;
    height: auto;
    margin-right: 30px;
  }
`;
```

重新整理的 Refresh 元件一樣可以透過這樣的方式加以調整：

```
const Refresh = styled.div`
  /* ... */

  svg {
    margin-left: 10px;
    width: 15px;
    height: 15px;
    cursor: pointer;
  }
`;
```

現在可以看到在風速、雨量和重新整理的部分大小都已經調整好了：

看起來已經大致上完成了，最後還希望能調整一下天氣圖示（白天多雲）的部分，因為不同的天氣圖示可能寬高會不一樣，這裡希望能夠限制一下天氣圖示的寬度，以因應不同的氣候狀況。

根據某一元件進行樣式調整

上面我們使用 Emotion 來「建立」帶有樣式的 styled components，並在裡面透過 CSS 選擇器選到 svg 標籤後進行調整。但 Emotion 不僅可以用來建立帶有樣式的元件，還可以將「原本就存在」的元件新增樣式。

什麼意思呢？

舉例來說，剛剛我們透過 import 載入的 SVG 是一個 React 元件，例如，
<DayCloudyIcon /> ，現在如果我們想要為這個原本就存在的元件新增樣式
時，可以使用 const 新元件 = styled(< 原有元件 >) 這樣的寫法：

```
// 透過 styled( 元件 ) 來把樣式帶入已存在的元件中

const DayCloudy = styled(DayCloudyIcon)`
  /* 在這裡寫入 CSS 樣式 */
`;
```

也就是說，除了原本是在 styled.<html-tag> 後面加上一個 HTML 標籤，
現在則是放入一個 React 元件，然後就可以在裡面撰寫 CSS 樣式，並修改該
元件的樣式。

以實際的樣式來說，這裡 DayCloudy 這個元件是根據 DayCloudyIcon 這個
元件而來，並且可以對它新增 CSS 樣式：

```
const DayCloudy = styled(DayCloudyIcon)`
  flex-basis: 30%;
`;
```

最後在 JSX 的地方，就要把原本使用 DayCloudyIcon 改成用新的帶有樣式的
元件 DayCloudy：

```
112    <CurrentWeather>                      112    <CurrentWeather>
113      <Temperature>                       113      <Temperature>
114        23 <Celsius>°C</Celsius>          114        23 <Celsius>°C</Celsius>
115      </Temperature>                      115      </Temperature>
116-     <DayCloudyIcon />                    116+     <DayCloudy />
117    </CurrentWeather>                     117    </CurrentWeather>
118    <AirFlow>                             118    <AirFlow>
119      <AirFlowIcon /> 23 m/h              119      <AirFlowIcon /> 23 m/h
120    </AirFlow>                            120    </AirFlow>
121    <Rain>                                121    <Rain>
122      <RainIcon /> 48%                    122      <RainIcon /> 48%
123    </Rain>                               123    </Rain>
```

現在透過 npm start 後完成的畫面會像這樣：

換你了！ 完成「台灣好天氣」UI

現在換你來完成「台灣好天氣」的 UI，可以參考下面的順序：

- 了解「台灣好天氣」切版時的區塊結構
- 使用 emotion 建立帶有樣式的 styled components（可於網址下載撰寫好的樣式）
- 載入 SVG 圖示到 React 元件中（包含 `day-cloudy.svg`, `airFlow.svg`, `rain.svg` 和 `refresh.svg`）
- 使用 CSS 選擇器的方式修改 SVG 圖示的樣式
- 使用 emotion 修改原有 SVG 元件的樣式

提醒讀者們，關於本單元的程式碼都可以在專案的 **create-ui** 分支中檢視完整的程式碼，並可以點擊「時鐘」圖示即可檢視本單元程式碼有變更的部分。另外，若有補充的資訊同樣會放在該分支的專案說明頁的。

本單元使用到的連結、完整程式碼與變更部分（時鐘圖示）可於 **create-ui** 分支檢視：

https://github.com/pjchender/learn-react-from-hook-realtime-weather-app/tree/create-ui

4-5 為深色主題做準備 - 將 props 傳入 styled components 中

本單元為概念解說，並無對應的專案分支。

單元核心

這個單元的主要目標包含：

- 了解如何將 props 帶入 emotion 的 styled components 中使用
- 了解把 props 帶入 styled components 中可以做的應用

自從手機裝置出現「深色模式」後，不論是 Instagram、Google Play 或 iOS，更新後都開始能套用深色主題了，後來非常多的網站現在也開始支援深色主題的功能，避免許多夜貓子使用者在睡前如果想要瀏覽頁面時被白屏閃瞎的情況。

為了實作深色主題，在這個單元中，主要會要說明更多 Emotion 的用法，在對這些用法有基本的理解後，將於下一個單元開始實作深色主題。

Emotion: 透過 props 將資料帶入 Styled Components 內

我們已經知道，在 React 中父子層元件間的資料，可以透過 props 來進行傳遞。現在當我們使用 emotion 來產生帶有樣式的元件時，因為它就是 React 元件，因此也可以使用 props 的方式把資料帶進去 styled components 中。

舉例來說，Location 元件是透過 emotion 所建立的 styled components，既然是 React 元件，一樣可以用 props 的方式把資料傳進去。這裡我們可以將 **theme** 當成一個 props 串進去 Location 這個 styled components 中：

```
const Location = styled.div`
```

```
  font-size: 28px;
  color: #212121;
  margin-bottom: 20px;
`;

const App = () => {
  return (
    {/* ... */}
      <Location theme="dark"> 台北市 </Location>
    {/* ... */}
  );
};
```

接著在使用 Emotion 定義 **Location** 這個 Styled Component 的地方，就可以透過 **props** 取得傳入的資料：

```
// 透過 props 取得傳進來的資料
// props 會是 {theme: "dark", children: " 台北市 "}
const Location = styled.div`
  ${props => console.log(props)}
  font-size: 28px;
  color: #212121;
  margin-bottom: 20px;
`;
```

搭配 props 和 css 方法達到實作深色主題的邏輯

這個做有什麼用呢？還記得我們提過把 CSS 寫在 JS 會有一些好處，現在當我們可以取得外部傳進來的資料時，就可以根據這個資料來決定要呈現的 CSS 樣式，例如，當 **theme** 為 **dark** 時就把文字顏色改成 **#DADADA**，否則顯示 **#212121**，就可以寫成這樣：

```
// 透過傳進來的資料決定要呈現的樣式
const Location = styled.div`
```

```
font-size: 28px;
color: ${props => props.theme === 'dark' ? '#dadada' : '#212121'};
margin-bottom: 20px;
`;
```

透過這樣的方式，只需要修改 **theme** 這個 props 傳入的值，就可以快速地切換許多元件的 CSS 樣式，以這裡來說，只要 Location 元件帶入的 props 不同時，該元件就會呈現出不同的顏色：

```
<Location theme="dark"> 台北市 </Location>  // 文字的顏色會是 '#dadada'
<Location theme="light"> 台北市 </Location> // 文字的顏色會是 '#212121'
```

這的單元並沒有對應的程式碼，主要說明了如何將 props 傳入 styled components 中的方式，還有如何透過這種方式來實作亮／暗色主題切換的邏輯。在下一個單元中，就會進一步根據這樣的方式來實作亮／暗色主題的切換。

4-6 使用 emotion 實作深色主題

本單元對應的專案分支為：`support-dark-theme`。

單元核心

這個單元的主要目標包含：

- 了解如何將 theme 透過 props 傳入 styled components 中
- 了解使用 ThemeProvider 的好處
- 實作亮／暗兩種不同主題配色

在上個單元中，了解到了透過將 props 串入 Styled Components 中可以達到切換 CSS 樣式的方法，在這個單元中就可以透過這樣的方式來實做亮／暗色主題。

這個單元最終完成的畫面會像這樣：

定義深色主題的配色

首先要先來定義亮色／深色主題的配色，因為同樣會使用 CSS in JS 的寫法，所以關於配色的部分，會先用 JS 物件來定義色彩。這裡先定義一個 theme 物件，在裡面則在根據亮色（**light**）或暗色（**dark**）主題進行配色的分類：

```
const theme = {
  light: {
    backgroundColor: '#ededed',
    // ...
  },
  dark: {
    backgroundColor: '#1F2022',
    // ...
  },
};
```

關於 **theme** 這個部分完整的程式碼讀者可以切換到 **support-dark-theme** 分支的說明文件中：

■ support dark theme 分支：

https://github.com/pjchender/learn-react-from-hook-
realtime-weather-app/tree/support-dark-theme

直接複製貼上到 **App.js** 中：

將配色當作 props 傳入各個 Styled Components 內

因為我們有使用 Emotion 這個套件，因此可以把 JavaScript 的變數當作
props 傳入 Styled Component 內使用，所以假如我們想要在 **<Container>**
這個元件套用顏色的話，可以這麼做：

1. 定義主題配色（即上一段落所做的），完整主題配色可以在 **support-**
   dark-theme 這個分支的說明頁複製貼上：

```
// ./src/App.js
```

```
// ...
const theme = {
  light: { /* ... */ },
  dark: { /* ... */ },
};
```

2. 在 `<Container>` 中透過 props 將 **theme={theme.dark}** 的配色傳入

```
// ./src/App.js
// ...
const theme = {/* ... */};

// ...
const App = () => {
  // ...
  return (
    // STEP 2：把主題配色透過 props 帶入 Container 中
    <Container theme={theme.dark}>
      <WeatherCard>
      {/* ... */}
      </WeatherCard>
    </Container>
  );
};
```

3. 在定義 Container 的 Styled Component 的地方，可以透過 **props** 將傳入的值取出，這裡直接使用解構賦值取出 **theme** 物件，因此不用寫成 **${(props) => props.theme.backgroundColor}**，而可以簡化成：

```
const Container = styled.div`
  /* STEP 3：在 Styled Component 中可以透過 Props 取得對的顏色 */
  background-color: ${({ theme }) => theme.backgroundColor};
  height: 100%;
  display: flex;
  align-items: center;
  justify-content: center;
`;
```

如果沒有錯誤的話，會發現到即時天氣 App 的背景現在就變成黑色的了：

但這種做法馬上會發現一個麻煩的地方，如果想要改變 Container 元件的顏色，就要透過 props 把顏色傳進去給它，現在我們是整個即時天氣 App 都要變成深色模式，那就幾乎要在每個元件都透過 props 把色彩傳進去各個元件，像下圖這樣到處使用 theme={theme.dark} 嗎？

```
const App = () => {
  // ...

  return (
    <Container theme={theme.dark}>
      <WeatherCard theme={theme.dark}>
        <Location theme={theme.dark}>台北市</Location>
        <Description theme={theme.dark}>多雲時晴</Description>
        <CurrentWeather theme={theme.dark}>…
        <AirFlow theme={theme.dark}>…
        <Rain theme={theme.dark}>…
        <Refresh theme={theme.dark}>…
      </WeatherCard>
    </Container>
  );
};
```

好險不用！

使用 Emotion 提供的 ThemeProvider

因為許多網站都有主題配色的需求，在 Emotion 中提供了一個稱作 `<ThemeProvider>` 的元件，簡單來說只要把所有 App 中需要套用到主題配色透過 props 傳入這個 `<ThemeProvider>` 元件中，所有的 Styled Components 就都可以取得這個配色主題，如此就不用像上圖那樣每個元件都要各自傳入主題配色。

聽起來非常方便，來實際操作看看！

載入並使用 ThemeProvider

接下來在 `./src/App` 中：

1. 先將 ThemeProvider 從 @emotion/react 透過 import 匯入

```
// ./src/App.js

import styled from '@emotion/styled';

// STEP 1：從 @emotion/react 載入 ThemeProvider
import { ThemeProvider } from '@emotion/react'
```

2. 把所有會用到的主題配色都透過 props 傳入 `<ThemeProvider>` 內，這裡我們先將深色主題傳入，並將所有需要使用到此主題配色的其他元件都包在 `<ThemeProvider>` 元件內。

3. 把原本寫在 Container 內的 props 移除

```
// ./src/App.js
// ...
const theme = {/* ... */};

const App = () => {
  // ...
```

```
return (
  // STEP 2：把所有會用到主題配色的部分都包在 ThemeProvider 內，
     並透過 theme 這個 props 傳入深色主題
  <ThemeProvider theme={theme.dark}>
    {/* STEP 3：把原本寫在 Container 內的 props 移除 */}
    <Container>
      {/* ... */}
    </Container>
  </ThemeProvider>
);
};
```

這時候厲害的事情發生了，就是我們的畫面完全沒改變！

「蛤？沒改變有什麼厲害的！？」

厲害的地方在於，現在我們已經沒有在 `<Container>` 的地方透過 theme 這個 props 把顏色傳入，但在定義 **Container** 樣式的地方，依然可以透過 props 取得 **theme** 中的顏色，也因此我們畫面中的背景才會依然是深色的：

```
// 雖然現在沒有使用 props 把 theme 傳入，但 Container 依然可以取用到 theme
   這個 props
const Container = styled.div`
  background-color: ${({ theme }) => theme.backgroundColor};
`;
```

之所以在 **Container** 中能夠從 props 取得 **theme** 的值，完全是因為 `<ThemeProvider>` 的功能，現在我們只要在 `<ThemeProvider theme={...}>` 透過 props 帶入後，所有被它包含在內的 Styled Components 都可以直接取用這個 props，也就是說，不需要每個元件一一透過 theme={theme.dark} 的寫法來帶入 props。

把主題的色彩套用進去

現在每個在 `<ThemeProvider>` 中所定義的 Styled Components 都可以透過 props 取得色彩，就讓我們把在 Styled Components 中原本固定色彩的部分，改成可以根據主題來呈現不同的色彩。因為不需要在每個元件的地方都透過 props 把色彩帶入，因此實際上只會更動到定義 Styled Components 的地方：

```
1   const Container = styled.div`
2     background-color: ${({ theme }) => theme.backgroundColor};
3     /* ... */
4   `;
5   const WeatherCard = styled.div`
6     box-shadow: ${({ theme }) => theme.boxShadow};
7     background-color: ${({ theme }) => theme.foregroundColor};
8     /* ... */
9   `;
10  const Location = styled.div`
11    color: ${({ theme }) => theme.titleColor};
12    /* ... */
13  `;
14  const Description = styled.div`
15    color: ${({ theme }) => theme.textColor};
16    /* ... */
17  `;
18  const Temperature = styled.div`
19    color: ${({ theme }) => theme.temperatureColor};
20    /* ... */
21  `;
22  const AirFlow = styled.div`
23    color: ${({ theme }) => theme.textColor};
24    /* ... */
25  `;
26  const Rain = styled.div`
27    color: ${({ theme }) => theme.textColor};
28    /* ... */
29  `;
30  const Refresh = styled.div`
31    color: ${({ theme }) => theme.textColor};
32  `;
```

關於這個部分完整的 Styled Components 的樣式同樣可以到 support dark theme 分支的說明頁複製貼入 `App.js` 中：

- support dark theme 分支：

https://github.com/pjchender/learn-react-from-hook-
realtime-weather-app/tree/support-dark-theme

修改好後，應該就可以看到帶有深色主題的即時天氣 App 了：

切換套用的主題樣式

上面我們在 <ThemeProvider> 中直接帶入了深色主題（theme.dark），實際上這個主題應該要能夠在亮色和暗色之間切換的。現在想到有資料狀態要改變，而且畫面需要更新的情境，相信應該很自然的會想到要使用 useState 了吧！

現在就來定義一個 currentTheme 的 state，並且把 currentTheme 選中的主題傳入 <ThemeProvider> 中吧：

1. 從 React 中載入 `useState` 的方法

```
import { useState } from 'react';
```

2. 使用 `useState` 並定義 `currentTheme` 的預設值為明亮（`light`），
   `currentTheme` 的值可以是 `light` 或 `dark`，以此切換主題配色：

```
// ...
const App = () => {
  // 使用 useState 並定義 currentTheme 的預設值為 light
  const [currentTheme, setCurrentTheme] = useState('light');

  return (
    <ThemeProvider>
      {/* ... */}
    </ThemeProvider>
  )
}
```

3. 將當前選到的主題配色傳入 `theme` 中，也就是會將 `theme.light` 或
   `theme.dark` 當成 props 傳入 ThemeProvider 中：

```
// ...
const App = () => {
  const [currentTheme, setCurrentTheme] = useState('light');

  return (
    // 將當前選到的主題配色傳入 `theme` 中
    <ThemeProvider theme={theme[currentTheme]}>
      {/* ... */}
    </ThemeProvider>
  )
}
```

現在你應該會發現「台灣好天氣」的樣式又變回了亮色主題。那麼現在我
們要怎麼測試 `currentTheme` 改變後，的確會在亮色主題和暗色主題間切換
呢？

這個部分我們將到下一個單元中使用 React DevTool 來進行測試。

換你了！ 實作深色主題功能

現在換你實際上來透過 emotion 實作深色主題的功能：

- 以物件定義亮／暗色主題的配色
- 載入並使用 ThemeProvider
- 將所有需要用到主題配色的元件都包在 `<ThemeProvider />` 中
- 將主題配色透過 props 傳入 `<ThemeProvider />` 內
- 在 styled components 中取出透過 ThemeProvider 傳入的主題配色樣式
- 使用 `useState` 的預設值來改變當前的 `currentTheme`

本單元相關之網頁連結、完整程式碼與程式碼變更部分（時鐘圖示）可於 `support-dark-theme` 分支檢視：

https://github.com/pjchender/learn-react-from-hook-realtime-weather-app/tree/support-dark-theme

4-7 快速了解各元件的資料狀態 - React Developer Tools

本單元對應的專案分支為：`install-react-devtools`。

單元核心

這個單元的主要目標包含：

- 能夠透過 React Developer Tools 檢視並修改元件內的資料狀態

在我們完成的幾個網頁應用程式中，不論是計數器、網速單位換算器、或是「台灣好天氣」，你會感受到每個 React 元件內部都可以保有自己的資料狀態，這些狀態我們得透過程式去檢視，沒有辦法透過瀏覽器直接了解每個 React 元件內部的資料狀態。

好在 React 提供了友善的開發者工具，讓開發者只需要從瀏覽器就可以去檢視和修改每個 React 元件內各自的資料狀態。

安裝 React Developer Tools

React 開發者工具支援 Chrome 和 Firefox 瀏覽器，分別可以在各自的擴充套件商店下載（Chrome 擴充套件、Firefox 擴充套件）。

- Chrome：https://chrome.google.com/webstore/detail/react-developer-tools/fmkadmapgofadopljbjfkapdkoienihi
- Firefox：https://addons.mozilla.org/zh-TW/firefox/addon/react-devtools/

現在就請你先根據習慣使用的瀏覽器下載對應的 React 開發者工具，在這裡我們就以 Chrome 為例來說明使用方式。

檢視頁面內的 React 元件

安裝好 React Developer Tools 之後,再次透過 **npm start** 啟動我們的「台灣好天氣」,接著打開瀏覽器的開發者工具後,點擊顯示更多的「>>」按鈕後,會看到多了兩個名為 **Components** 和 **Profiler** 的頁籤:

先來點選 Components 的部分,從中可以看到 React 開發者工具會列出該頁面的所有 React 元件。這裡你會看到最上方可以看到 **App**,這也就是我們目前的 App 元件。另外你會發現裡面還多了許多不同的元件,像是 **ThemeProvider**,**Context.Consumer** 等等的,這些東西是 emotion 幫我們產生的,目的是讓我們之前的主題配色能夠被每一個裡面的 styled components 所取用:

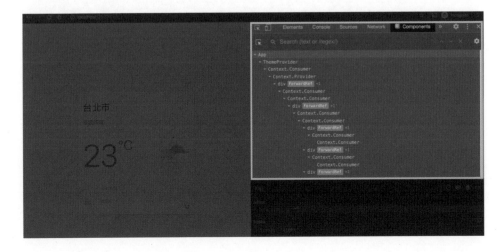

TIPS

除了可以直接在 Components 頁籤中去檢視各個元件之外，有些時候因為複雜的頁面會同時使用非常多的元件，或各元件嵌套的情形比較嚴重時，也可以從比較熟悉 Elements 頁籤先找到想檢視的元素，點選後再切換到 Components 頁籤，如此 React 開發者工具會直接幫你選到該元件。

透過 React 開發者工具，該頁面使用到的 React 元件就可以一目瞭然。

檢視和修改 React 元件內的資料狀態

透過 React 開發者工具除了能夠檢視該頁面使用了哪些 React 元件之外，還可以去檢視和修改該元件內的資料狀態，只需要點選該元件後即可在下方看到 props 和 state。

這裡點擊 App 後可以看到目前 App 這個元件中所擁有的資料狀態。這裡可以看到在 State 的地方目前我們的資料狀態是 Light：

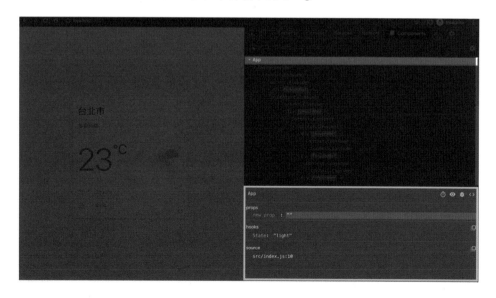

還記得 props 和 state 是指什麼嗎？

props 就是指由外部傳入該元件內的資料，這裡因為 App 並沒有帶入其他的 props 因此沒有資料。hooks 裡面的 State 表示的是該元件自身內部的資料，也就是使用 useState 產生的資料。

不論是 props 或 state 的值都可以直接在 React 開發者工具內進行修改，這在檢查程式邏輯的時候非常方便。

這裡我們可以把 State 從 light 改成 dark，看看畫面是不是真的有切換成深色主題！

如果有能夠切換成深色主題的話，表示上一個單元所做的功能可以正常運作！

換你了！ 使用 React Developer Tools 來改變資料狀態

現在要請你用 React Developer Tools 來將 App 中的資料狀態從 light 改成 dark，看看畫面是否有正確變成深色主題。同樣可以參考下方的步驟：

- 到瀏覽器的應用程式商店下載 React Developer Tools
- 透過 React Developers Tools 的 Component 頁籤來改變資料狀態
- 確定深色主題是否有正確顯示

如果深色主題沒有正確顯示的話，可能要回答檢查一下程式碼的地方是否有任何錯誤，在這個單元中我們並沒有新增不同的程式碼，單純是多安裝了 React Developer Tools 這個擴充套件，若對於程式碼有問題的話，可以回到上一個單元的連結重新比對看看。

本單元相關之網頁連結可於 `install-react-devtools` 分支檢視：

https://github.com/pjchender/learn-react-from-hook-realtime-weather-app/tree/install-react-devtools

串接 API：useEffect 與 useCallback

5-1 申請使用中央氣象局 API

本單元對應的專案分支為 `register-cwb-opendata`。

單元核心

這個單元的主要目標包含：

- 取得中央氣象局 API 授權碼
- 試著透過授權碼取得天氣資訊
- 了解在本專案中會使用到的兩支 API

天氣資訊 API 的選擇

在「台灣好天氣」中需要取得即時的天氣資訊，因此要尋找能夠提供這方面資料的第三方服務。比較常聽到提供天氣 API 的網站包括 OpenWeather 和 AccuWeather，這兩個網站都有提供免費但有限制請求數量的 API 可供使用，就一般的需求來說其實非常足夠了。

在台灣，我們如果想要取得最精確的即時天氣資訊，擁有最多台灣氣象觀測站的中央氣象局自然是首選，因此這裡我們會註冊中央氣象局的 API 來使用，若未來想要延伸到國際使用，那就可以選擇像是 OpenWeather 或 AccuWeather 這類的服務。

登入／註冊會員

首先打開中央氣象局的氣象開放資料平台，點選右上方的「登入／註冊」：

- 中央氣象局 - 氣象開發資料平台：https://opendata.cwb.gov.tw/index

如果還不是會員的話，可以選擇用 Facebook 登入或註冊一個新的。

TIPS

在註冊帳號的過程中，如果有遇到無法使用 Facebook 登入的情況，可以嘗試用個人的 email 申請。

取得授權碼

不論是天氣資訊、Google 地圖、Instagram 或 Facebook 等第三方的 API 服務，都不會讓你「匿名」使用，多數都會需要先註冊後，才會發給你一組「金鑰（Key）」，之後所有對該服務所發送的請求都需要附帶上這組金鑰，這些服務的供應者就可以透過此把金鑰來辨認你使用他們服務的頻率和情況。

中央氣象局也不例外，登入之後只需要點擊「取得授權碼」之後，你就會得到一組專屬於你的授權碼，接下來透過 API 向中央氣象局請求天氣資訊的時候，都會需要使用到這把金鑰：

了解 API 如何使用

在取得 API 金鑰後，再來就是要看怎麼樣使用這個服務，多數有提供 API 服務的網站一定會附上使用說明，不然開發者即使通靈可能還是沒辦法正確請求到想要的資料。如果該公司服務內容非常龐大的話，像是 Amazon、Google 等甚至還會提供一個工具包（SDK）給開發者使用，讓開發者可以更快速上手這些服務。

在中央氣象局的網站中可以點選「開發指南」，裡面就附上「使用說明」的 PDF 文件，也很貼心的提供了線上說明文件

■ 中央氣象局線上說明文件：

https://opendata.cwb.gov.tw/dist/opendata-swagger.html

線上説明文件的好處在於你可以在這個網站上直接嘗試使用這些 API，不用另外開啟測試 API 請求的服務（例如，Postman），也不用再另外自己架設伺服器。這個部分中央氣象局的網站真的做得不錯：

現在我們就可以使用這份線上説明文件來測試 API 請求。

在「台灣好天氣」這個專案中，主要會用到中央氣象局提供的兩支 API，分別為：

- 觀測中的：`/v1/rest/datastore/O-A0003-001` 局屬氣象站 - 氣象觀測資料
- 預報中的：`/v1/rest/datastore/F-C0032-001` 一般天氣預報 - 今明 36 小時天氣預報

之所以會需要使用到兩支不同的 API，是因為在「氣象觀測資料」中能夠取得當前最即時的天氣資料，像是當時的「溫度」、「風速」等等；而在「天氣預報」的資料中，則可以取得未來的降雨機率、天氣描述等等。

試用看看 API

現在讓我們試試看如何透過授權碼取得「天氣觀測」和「天氣預報」的資料。

▶ 局屬氣象站 - 天氣觀測資料

首先在線上說明文件的網站中找到「局屬氣象站 - 氣象觀測資料」的欄位，裡面會列出各個參數的說明，接著點選右上方的「Try it out」來試試看請求後會得到什麼回應：

其中 `Authorization` 需要填入的就是剛剛登入後取得的「API 授權碼」，其餘部分可以直接不填讓它帶入預設值，比較重要的是 `locationName` 這個欄位，不填的話預設會回傳所有氣象站的資料，之後我們在做搜尋功能的時候，則可以帶入指定的「測站名稱」，這裡你可以留空來取得所有測站的觀測資料，或者可以試著填入「臺北」來取得台北觀測站的資料：

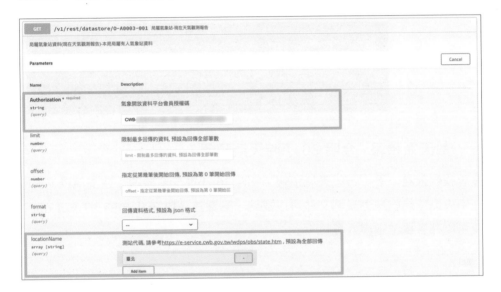

接著點選下方的「Execute」後，便可以看到該觀測站的觀測資料。

同時你可以看到在下圖發出的 Request URL，因為使用的是 GET 請求，所以若把這串 Request URL 貼到瀏覽器網址列將一樣可以看到回傳的結果：

▶ 一般天氣預報 - 今明 36 小時天氣預報

接著我們來看一下「一般天氣預報 - 今明 36 小時天氣預報」這支 API，一樣在中央氣象局的線上說明文件可以找到，點擊該 API 右上角的「Try it out」後可以在各欄位中填入資料：

同樣可以在 `Authorization` 的地方填入「授權碼」，其他地方一樣留預設值即可；`locationName` 的地方同樣不選的話會回傳各個縣市的天氣資料，你

也可以選擇想要取得資料的縣市名稱：

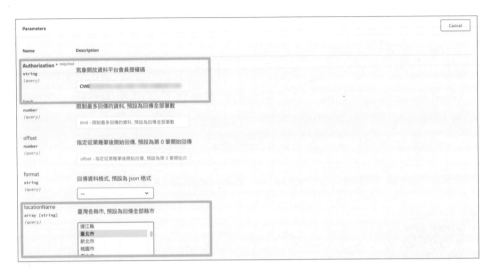

注意到 `locationName` 這個欄位，這裡的欄位填入的會是「縣市」名稱，也就是「宜蘭縣」、「花蓮縣」、「台東縣」等等，而不是和前面提到的那支「氣象觀測資料 API」，前面那支 API 的 locationName 要帶入的是「觀測站」的名稱，而不是「縣市」名稱。

之所以要留意 `locationName` 這個欄位，是因為未來在「台灣好天氣」的 App 中，可以讓使用者去選擇「地區」，以取得該地區的天氣資訊，這裡雖然兩支 API 中欄位名稱都是 `locationName`，但實際上需要填入的資料是不同的，一個是「觀測站」、一個是「縣市」，未來假設使用者想要了解臺北市的天氣資訊時，我們可以用「臺北市」這個名稱，去查詢「一般天氣預報」這支 API，但若要查詢的是「天氣觀測資料」，使用「臺北市」會查不到資料，因為「臺北市」並不是觀測站的名稱，需要使用「臺北」這個觀測站的名稱才能找到對應的觀測資料。同時，每個縣市「觀測站」的數量和名稱也都不同，這裡讀者們可以先留意一下會有這樣的情況即可，避免未來自己在嘗試撈取某地區的資料時，感到困惑。未來會在實作切換縣市的天氣資訊時在做更多的說明。

換你了！ 申請一組專屬於你的授權碼

- 到中央氣象局的氣象資料開放平臺（https://opendata.cwb.gov.tw/index）申請一組專屬於你的授權碼
- 到中央氣象局線上說明文件（https://opendata.cwb.gov.tw/dist/opendata-swagger.html）透過授權碼試著取得「天氣觀測資料」和「天氣預報資料」
- 了解這兩支不同的 API 在 `locationName` 這個欄位的差異

本單元相關之網頁連結可於 `register-cwb-opendata` 分支檢視：

https://github.com/pjchender/learn-react-from-hook-realtime-weather-app/tree/register-cwb-opendata

5-2 將天氣資料呈現於畫面中 - useState 的使用

本單元對應的專案分支為：`create-current-weather-state`。

單元核心

這個單元的主要目標包含：

- 根據畫面設計所需要的資料欄位
- 使用 `useState` 定義並使用所需的資料狀態

在上一個單元中，我們已經申請了使用中央氣象局 API 的授權碼，並且說明了在「台灣好天氣」這個專案中會使用到的兩支 API。在實際向中央氣象局

API 發送請求前，會先在 React 元件中定義會使用到的資料狀態，並把這些資料呈現在畫面上，等到資料能正確在畫面上顯示後，才會在實際串接 API 取得的資料。

使用 useState 定義資料狀態

首先根據我們設計的畫面，可以先規劃所需要的資料欄位有哪些：

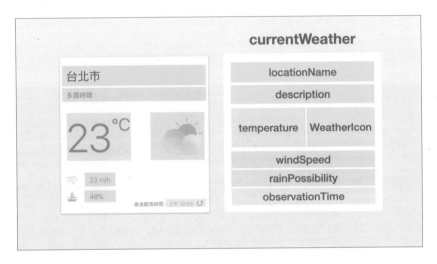

接著便可以開始透過 **useState** 來定義這些所需要的資料欄位：

```
const App = () => {
  const [currentTheme, setCurrentTheme] = useState('light');

  // 定義會使用到的資料狀態
  const [currentWeather, setCurrentWeather] = useState({
    locationName: '臺北市',
    description: '多雲時晴',
    windSpeed: 1.1,
    temperature: 22.9,
    rainPossibility: 48,3,
    observationTime: '2020-12-12 22:10:00',
```

```
    });
    // ...
  }
```

TIPS

在帶入資料時，並不是完全憑空捏照，而是參考 API 給的回應格式填入。

將資料狀態帶入 JSX 中

接著我們就把這些資料帶入到 JSX 中原本寫死數值的地方：

```
return (
  <ThemeProvider theme={theme[currentTheme]}>
    <Container>
      <WeatherCard>
        <Location>{currentWeather.locationName}</Location>
        <Description>{currentWeather.description}</Description>
        <CurrentWeather>
          <Temperature>
            {currentWeather.temperature} <Celsius>°C</Celsius>
          </Temperature>
          <DayCloudy />
        </CurrentWeather>
        <AirFlow>
          <AirFlowIcon /> {currentWeather.windSpeed} m/h
        </AirFlow>
        <Rain>
          <RainIcon /> {currentWeather.rainPossibility}%
        </Rain>
        <Refresh>
          最後觀測時間：{currentWeather.observationTime} <RefreshIcon />
        </Refresh>
      </WeatherCard>
    </Container>
  </ThemeProvider>
);
```

可以看到，原本寫死在 JSX 中的資料，現在都改成用 useState 產生的 currentWeather 這個物件，這樣未來只要 currentWeather 內的資料有改變時，React 就會自動幫我們更新畫面。

優化資料呈現

現在我們看到的溫度（**temperature**）會出現小數點，而最後觀測時間
（**observationTime**）則不是我們習慣的格式，我們針對這個部分來進行優
化。

溫度

針對溫度的部分，可以使用 **Math.round()** 做四捨五入。改成這樣：

```
<Temperature>
  {Math.round(currentWeather.temperature)} <Celsius>°C</Celsius>
</Temperature>
```

最後觀測時間

對於最後觀測時間，我們得到的資料是 **2020-12-12 22:10:00**，我們希望可
以顯示下午 **10:10** 這樣就好。

要達到這個效果的做法有很多，這裡我們可以使用瀏覽器原生的 Intl 這個
方法，這個方法的全名是 Internationalization API，它可以針對日期、時
間、數字（貨幣）等資料進行多語系的呈現處理，相當方便，我們可以先將
<Refresh> 中的程式碼改成：

```
<Refresh>
  最後觀測時間：
  {new Intl.DateTimeFormat('zh-TW', {
    hour: 'numeric',
    minute: 'numeric',
  }).format(new Date(currentWeather.observationTime))}
  {' '}
  <RefreshIcon />
</Refresh>
```

> **TIPS**
>
> 這裡你會看到 {' '} 的用法，這是因為在 JSX 中預設的空格最後在網頁呈現時都會被過濾掉，因此如果你希望最後在頁面上元件與元件間是留有空格的，就可以透過帶入「空字串」的方式來加入空格。

在 `Intl.DateTimeFormat(<地區>, <設定>)` 這個方法中

- 第一個參數放的是地區，台灣的話使用 `zh-TW`。
- 第二個參數放的是一些設定值，例如我們希望以數值呈現「時」和「分」就好
- 最後透過 `.format(<時間>)` 把時間帶進去之後，就會看到格式化後的時間

> **TIPS**
>
> 關於 Intl 這個方法，有興趣的話可以進一步參考 MDN 官方文件的說明：https://developer.mozilla.org/en-US/docs/Web/JavaScript/Reference/Global_Objects/Intl

現在當我們透過 `npm start` 把專案啟動時，就會看到「溫度」和「觀測時間」的顯示方式比之前的樣子更友善：

處理跨瀏覽器問題

現在當我們使用 Chrome 或 Firefox 開啟這個頁面時，並不會出現任何錯誤，但若你是 Safari 的使用者（在 iOS 行動裝置大多都是使用 Safari），將會看到如下錯誤訊息，並顯示 `RangeError: date value is not finite in DateTimeFormat format()`：

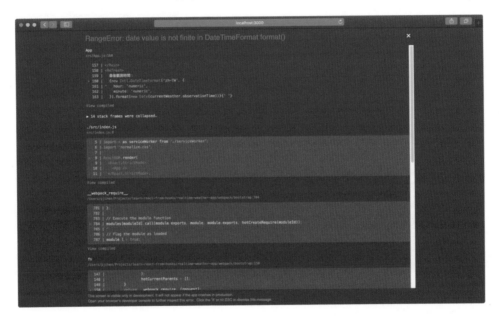

之所以會有這個錯誤產生，是因為我們從中央氣象局取得的時間資料是 `2020-12-12 10:31:00` 這樣的格式，當我們使用 `new Date('2020-12-12 10:31:00')` 試著把這個時間轉成合法的 JavaScript 時間物件時，在 Chrome 或 Firefox 是可以的，但在 Safari 並不支援這種用法。

你可以在各瀏覽器開發者工具的 `console` 面板中輸入：

```
new Date('2020-12-12 10:31:00')
```

在幾個瀏覽器中會得到不同的回應：

```
// Chrome
Sat Dec 12 2020 10:31:00 GMT+0800 (Taipei Standard Time)

// Firefox
Date Sat Dec 12 2020 10:31:00 GMT+0800 ( 台北標準時間 )

// Safari
Invalid Date
```

你會發現就 Safari 最特別 ...，硬是跟你說這是無效的日期格式。沒錯，跨瀏覽器問題永遠是每個前端工程師心中最軟的那一塊。

好在這個問題並不難處理，因為時間的內容算是大大小小的網站都會用到的東西，所以通常已經有許多開發者一起開發開源套件，讓大家都可以用更簡便且支援跨瀏覽器的方式來處理這些問題。

安裝 dayjs

這裡我們使用一個很輕量的時間處理工具，稱作 dayjs，安裝的方式你應該不陌生了，在終端機中輸入：

```
$ npm install --save dayjs
```

使用 dayjs 處理跨瀏覽器時間問題

dayjs 的功能很多，這裡我們先單純用來處理跨瀏覽器的問題。要使用這個工具前，一樣要先記得載入：

```
// ./src/App.js
// ...
import dayjs from 'dayjs';
```

接著在原本使用 **new Date()** 將日期字串轉換成 JavaScript 日期物件的地方，改成使用 **dayjs()**，也就是將 **.format(new Date(...))** 改成 **.format (dayjs(...))**：

```
<Refresh>
  最後觀測時間：
  {new Intl.DateTimeFormat('zh-TW', {
    hour: 'numeric',
    minute: 'numeric',
  }).format(dayjs(currentWeather.observationTime))}{' '}
  <RefreshIcon />
</Refresh>
```

在改成 **dayjs** 後世界再次恢復了和平，現在在 Safari 中也可以正確解析日期格式。

換你了！ 使用 useState 定義資料狀態

現在要換你在 App 元件中定義畫面中會使用到的資料狀態。同樣可以參考下面的流程：

- 使用 useState 取得「資料狀態（**currentWeather**）」和「修改資料狀態（**setCurrentWeather**）」的方法
- 根據畫面中所需要的資料，以及 API 回應資料 ，在 **currentWeather** 中定義各資料欄位預設值
- 把原本寫死在 JSX 中的資料改成透過 **currentWeather** 這個資料狀態來呈現
- 優化「溫度」和「觀測時間」的顯示
- 處理時間在跨瀏覽器上的問題

本單元相關之網頁連結、完整程式碼與程式碼變更部分可於 create-current-weather-state 分支檢視：

https://github.com/pjchender/learn-react-from-hook-realtime-weather-app/tree/create-current-weather-state

另外由於專案實作的程式碼較為複雜，再次提醒讀者在每一個單元中都可以善加利用 Github 上的「時鐘」圖示來檢視每個單元程式碼的變化：

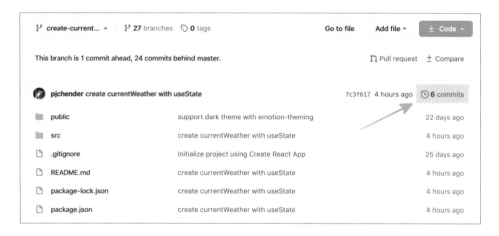

在 commit 中將會清楚呈現每個單元程式碼的變化：

5-3 使用 fetch 拉取天氣觀測資料

本單元於對應的專案分支為：`get-current-weather-when-refresh-clicked`。

單元核心

這個單元的主要目標包含：

- 進一步了解「局屬氣象站 - 天氣觀測資料」API 回傳的資料內容
- 串接「局屬氣象站 - 天氣觀測資料」API 回傳的資料，並顯示於畫面
- 留意 useState 中資料為物件時，更新狀態的使用

在上一個單元中，我們先根據中央氣象局 API 回傳的資料結果，當成 `currentWeather` 的預設值來呈現。在這個單元中，我們將透過瀏覽器提供的 `fetch API` 來實際發送請求，並更新畫面上呈現的資料。

由於「台灣好天氣」中要呈現的資料，會需要分別透過「天氣觀測」與「天氣預報」這兩支 API 取得，在這個單元先來處理「天氣觀測」的資料部分。

了解 API 回傳的天氣觀測資料

根據先前單元，在線上說明文件試打「局屬氣象站 - 天氣觀測資料 API」取得回應，可以看到回應內容包含幾個部分：

1. **success**：是否成功向伺服器發送請求並取得回應
2. **result.fields**：向伺服器請求的欄位資料，這裡因為在請求時沒有特別限制，預設會回傳全部欄位的資料
3. **records.location**：列出所有局屬氣象站目前天氣觀測資訊，這是我們最想要的資訊

```
// /v1/rest/datastore/O-A0003-001 局屬氣象站 - 現在天氣觀測報告
{
  "success": "true",
  "result": {
    "resource_id": "O-A0003-001",
    "fields": [
      // 列出所有我們請求的欄位，例如 lat，locationName，obsTime，... 等等
    ]
  },
  "records": {
    // 列出各局屬氣象站的目前天氣觀測資訊
    "location": []
  }
}
```

因為 **records** 的部分會是我們最主要需要使用到的資料，因此我們再深入檢視一下，可以看到：

1. **locationName**：局屬氣象站名稱
2. **time**：觀測時間
3. **weatherElement**：各天氣的觀測資料

```
"records": {
  "location": [
    // 列出各地區實際的觀測資料
    {
      "lat": "23.497671",
      "lon": "120.424783",
      "locationName": " 嘉義 ",
      "stationId": "467480",
      "time": {
        "obsTime": "2020-06-26 23:40:00"
      },
      "weatherElement": [
        // 各天氣的觀測資料
      ],
      "parameter": [
        // 其他觀測站資訊
      ]
    }
  ]
}
```

特別是在 **weatherElement** 屬性中提供的許多天氣資料中，可以找到我們需要用到的「溫度（TEMP）」、「風速（WDSD）」等資訊，像是：

```
{
  "weatherElement": [
    {
      "elementName": "WDSD",
```

```
      "elementValue": "1.10"
    },
    {
      "elementName": "TEMP",
      "elementValue": "27.90"
    }
    // ...
  ]
}
```

但從這些資訊中無法看出像是「降雨機率」、「氣象描述」、「白天晚上」、「晴天或降雨」等資訊，因此這個部分未來會需要再靠另一支 API「一般天氣預報 - 今明 36 小時天氣預報」來補足這些部分。

> **TIPS**
>
> 關於 API 回應中的各欄位意義，都有描述在「局屬氣象站資料集說明檔」中：https://opendata.cwb.gov.tw/opendatadoc/DIV2/A0003-001. pdf。另外，雖然「氣象描述」的部分在文件中有提到可以透過「H_Weather」取得，但實際上會發現回傳的資料大多是 null 或是 -99，即表示沒有資料。

fetch API 的基本使用

了解「天氣觀測」API 會回應的內容後，就可以實際撰寫一段 AJAX 來向中央氣象局拉取資料，這裡我們使用瀏覽器原生的 fetch API 來發送請求，一般使用 fetch 發送 GET 請求時，只需要在 fetch(<requestURL>) 的方法中帶入 requestURL 作為參數，這個 fetch 會是一個 Promise，因此可以透過 .then 串連伺服器回傳的資料。

程式碼會像這樣：

```
fetch('<requestURL>')                      // 向 requestURL 發送請求
  .then((response) => response.json())     // 取得伺服器回傳的資料並以 JSON
                                              解析
  .then((data) => console.log('data'));   // 取得解析後的 JSON 資料
```

因此要發送請求，只需將 **requestURL** 的部分換成中央氣象局提供的 API 網址就可以了。

點擊重新整理按鈕後拉取資料

可以有幾個不同時間點來向中央氣象局請求資料，一個是在畫面載入時就自動拉取一次，另一個是在使用者點擊「重新整理」按鈕時拉取資料。現在我們先做後者，也就是使用者主動點擊的方式。

我們只需先定義好 **handleClick** 方法，在 **handleClick** 內去呼叫中央氣象局 API，接著在 **<Refresh />** 按鈕綁上 **onClick** 事件，當事件被觸發時會呼叫 **handleClick** 方法，整個過程會像這樣：

1. 先將之前取得的授權碼存成一個常數，取名為 **AUTHORIZATION_KEY**：

```
// ./src/App.js
// ...

const AUTHORIZATION_KEY = '< 你的授權碼 >';
const App = () => {
  //...
}
```

TIPS

在 JavaScript 中對於像是授權碼這類不會變更的常數，習慣以全大寫搭配底線的方式來命名。

2. 針對某一地區發送 API 請求，這裡我們先針對台北（讀者也可以輸入其他地區）來請求當前的天氣觀測資料：

```
// ./src/App.js

const AUTHORIZATION_KEY = '< 你的授權碼 >';
const LOCATION_NAME=' 臺北 ';      // STEP 1：定義 LOCATION_NAME

const App = () => {
  // ...
  // STEP 2：將 AUTHORIZATION_KEY 和 LOCATION_NAME 帶入 API 請求中
  const handleClick = () => {
    fetch(
      `https://opendata.cwb.gov.tw/api/v1/rest/datastore/O-A0003-001?
      Authorization=${AUTHORIZATION_KEY}&locationName=${LOCATION_NAME}`
    )
      .then((response) => response.json())
      .then((data) => {
        console.log('data', data);
      });
  };
}
```

TIPS

先前的單元中曾提到在「天氣觀測」和「天氣預報」這兩支不同的 API 中，需要使用的 locationName 不同，前者帶入的是「局屬觀測站」，例如「臺北」，後者帶入的是「縣市」，例如「臺北市」，如果帶錯的話將會無法取得正確的回應。這點在後面需要同時處理兩道 API 時會再做更多處理。

現在當 handleClick 被觸發時，就會透過 fetch 向中央氣象局發送請求。

3. 最後我們只需要把 handleClick 這個方法透過 onClick 綁定在 <Refresh> 元件上：

```
// ./src/App.js

const AUTHORIZATION_KEY = '< 你的授權碼 >';
const App = () => {

  const handleClick = () => {/* ... */}:

  return (
    <Container>
      <WeatherCard>
        {/* STEP 2：綁定 onClick 時會呼叫 handleClick 方法 */}
        <Refresh onClick={handleClick}/>
      </WeatherCard>
    </Container>
  );
};
```

順利的話當使用者點擊「台灣好天氣」右下角的「重新整裡」按鈕時，就會
向中央氣象局發送請求，並取得資料，你將可以在瀏覽器的 console 視窗中
看到回傳的資料內容：

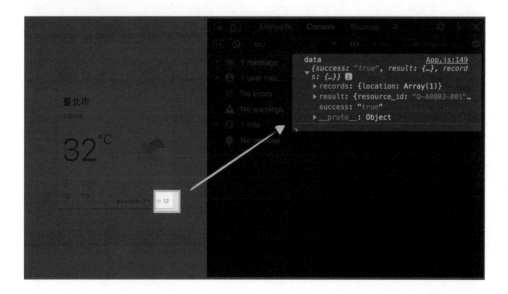

更新元件內的資料狀態

現在已經可以在使用者點擊按鈕後，向中央氣象局發送請求並取得回應，但是因為還沒被把這些資料內容帶回到 React 元件中，因此畫面並不會改變，這時候你可能已經想到了，要在改變資料的時候同時讓畫面重新轉譯（render），就可以用 `useState()` 中回傳給我們的 `setCurrentWeather` 這個方法。

從 API 回傳的資料來看，我們需要的資料會在 `records.location` 這個陣列中元素的 `weatherElement` 屬性中，當中最重要的會是溫度（TEMP）和風速（WDSD）：

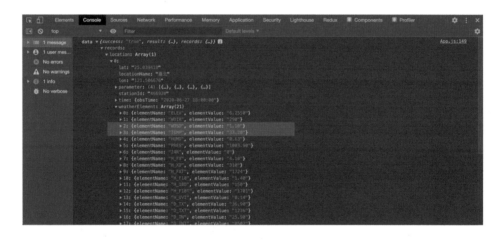

所以在使用 `setCurrentWeather` 來把這些資料帶回元件中時，需要先把用得到的資料取出來。

先稍微說明一下這裡的邏輯：

1. 定義 `locationData` 把回傳的資料中會用到的部分取出來

```
// STEP 1：定義 `locationData` 把回傳的資料中會用到的部分取出來
const locationData = data.records.location[0];
```

2. 因為風速（WDSD）、氣溫（TEMP）這些資料都存在 locationData. weatherElement 中，這裡透過陣列的 reduce 方法搭配 includes 可以把需要的資料取出來

```
// STEP 2：將風速（WDSD）和氣溫（TEMP）的資料取出
const weatherElements = locationData.weatherElement.reduce(
  (neededElements, item) => {
    if (['WDSD', 'TEMP'].includes(item.elementName)) {
      neededElements[item.elementName] = item.elementValue;
    }
    return neededElements;
  }, {}
);
```

這裡透過 reduce 組合出來的 weatherElements 將會長這樣：

```
// weatherElements
{
  WDSD: 1.10,
  TEMP: 33.20
}
```

3. 在取得所需要的資料後（除了 description 和 rainPossibility 的部分需要再透過額外的 API 取得），就可以透過 useState 回傳的 setCurrentWeather 方法來更新 React 內的資料狀態：

```
// STEP 3：更新 React 元件中的資料狀態
setCurrentWeather({
  observationTime: locationData.time.obsTime,
  locationName: locationData.locationName,
  temperature: weatherElements.TEMP,
  windSpeed: weatherElements.WDSD,
  description: '多雲時晴',
  rainPossibility: 60,
});
```

最後就把上面寫好的邏輯放到原本的 `handleClick` 方法中：

```js
// ./src/App.js

const [currentWeather, setCurrentWeather] = useState({/* ... */});

const handleClick = () => {
  fetch(/* 中央氣象局 API */)
    .then((response) => response.json())
    .then((data) => {
      const locationData = data.records.location[0]; // STEP 1：取出資料
      const weatherElements = locationData.weatherElement.reduce(/* ...
                          */); // STEP 2：過濾資料

      // STEP 3：更新 React 資料狀態
      setCurrentWeather({
        observationTime: locationData.time.obsTime,
        // ...
      });
    });
};
```

現在當我們點擊「台灣好天氣」右下角的重新整理按鈕時，就可以看到當前最新的資料狀態（除了天氣描述和降雨機率）！

useState 中帶入物件時須留意的地方

前幾個章節中，在實作計數器和網速單位換算器時，`useState` 的裡面的值都是放入數值，但除了基本的數值、字串、布林之外，保存在 React 元件內的資料狀態也可以是物件或陣列。像是在上面 `currentWeather` 中我們就是放入物件：

```js
const [currentWeather, setCurrentWeather] = useState({
  observationTime: '2020-12-12 22:10:00',
```

```
    locationName: '臺北市',
    description: '多雲時晴',
    windSpeed: 3.6,
    temperature: 32.1,
    rainPossibility: 60,
});
```

setSomething 會把舊有的資料完全覆蓋

但要特別留意的是，當我們使用物件時，如果有需要保留物件中原有的屬性時，不能只是在 **setCurrentWeather** 帶入想要變更的物件屬性，因為 **setSomething** 這種用法會完全以傳入的值覆蓋掉舊有的內容。

什麼意思呢？假設現在我只想要修改 **currentWeather** 中 **temperature** 的值，其他屬性想要保留不變的話，我們<u>不能</u>這樣寫：

```
// 🚫 錯誤：不能只寫出要修改或新增的物件屬性
setCurrentWeather({
  temperature: 31,
});
```

```
console.log(currentWeather); // { temperature: 31}
```

因為 **setSomething** 這種方法會用新給的資料全部覆蓋掉舊有的資料，因此 **currentWeather** 會變成只剩下 **temperature** 這個屬性。

正確的做法應該要把舊有的資料透過物件的解構賦值帶入新物件中，再去新增或修改想要變更的屬性，像是這樣：

```
// ✅ 正確：先透過解構賦值把舊資料帶入新物件中，再去新增或修改想要變更的資料
setCurrentWeather({
  ...currentWeather,
  temperature: 31,
});
```

如此更新後的 currentWeather，才會是先保留了原本的 currentWeather 中的所有屬性後，接著才更新 temperature 屬性的值，而不會變成只剩下 temperature 屬性而已。

要使用多次 useState 還是把所有資料都包在一個物件中只使用一次

一般來說，在一個 React Component 中多次呼叫 useState 並不會有太大的問題，因此不建議單純只是為了想要少用幾次 useState 而把所有不相關的資料都放到同一個物件中，因為這代表你將只會得到一個 setSomething 的方法，而你只要呼叫到這個方法，因為是用新的資料整個覆蓋掉舊的，因此即使有很多不需要更新的資料，但仍會被迫整個換掉。

因此官方建議，可以將有關聯的資料放在同一個物件中，而沒有關聯的資料，就另外再使用 useState 去定義資料狀態。

換你了！ 向中央氣象局請求真實的觀測資料

現在，換你實際透過 AJAX 的方式，向中央氣象局請求真實的資料回來呈現吧！你可以參考下述的步驟：

- 了解「局屬氣象站 - 現在天氣觀測報告」API 中會回傳的資料內容
- 撰寫 handleClick 方法，並將該方法綁定在 <Refresh /> 按鈕的 onClick 事件上
- 定義在 AJAX 請求中會使用到的常數，包含 AUTHORIZATION_KEY 和 LOCATION_NAME
- 當使用者點擊重新整理的按鈕後，透過 fetch 方法向中央氣象局 API 發送請求，並取得回應
- 檢視回應的資料內容，並過濾出我們所需要的資料
- 透過 setCurrentWeather 方法來更新 React 元件中的資料狀態
- 確定畫面有因為資料變更而連動更新，顯示當前的天氣資料

本單元相關之網頁連結、完整程式碼與程式碼變更部分可於 **get-current-weather-when-refresh-clicked** 分支檢視：

https://github.com/pjchender/learn-react-from-hook-realtime-weather-app/tree/get-current-weather-when-refresh-clicked

5-4 頁面載入時就去請求資料 - useEffect 的基本使用

本 單 元 於 對 應 的 專 案 分 支 為：**fetch-data-when-page-loaded-with-useEffect**。

單元核心

這個單元的主要目標包含：

- 了解 useEffect 的使用
- 了解 useEffect 中函式會被執行的時間點
- 了解 useEffect 中 dependencies array 對其函式執行的影響
- 透過 useEffect 讓頁面載入時即更新天氣資料

在上一個單元中，我們已經可以透過讓使用者點擊按鈕來更新天氣資訊，但實際上，比較好的做法應該是在使用者載入頁面的時候，就去取得最新的資料回來顯示；如果使用者想要看最新的資料，再按下重新整理的按鈕來更新資料。因此，現在就讓我們來看一下，要如何在頁面一載入時就去發送 API 請求拉取資料呢？

這裡我們會碰到本書以來的第二個 React Hooks，稱作 **useEffect**。

個人認為 **useEffect** 是整個 React Hooks 中需要花最多時間去理解和消化的 Hook，其中很大部分原因在於 **useEffect** 和傳統學習到的生命週期概念綁得很深，因此對於非初次學習 React 的開發者來說，學習的時候會不自覺想要把舊的思考模式套用到 **useEffect** 這個 Hook。

現在就讓我們來看一下 **useEffect** 這個 React Hook 最基本的用法。

useEffect 的基本使用

1. 先從 **react** 中載入 **useEffect**

```
// ./src/App.js
import { useState, useEffect } from 'react';
```

2. 接著在 App 元件中試著使用 **useEffect**，useEffect 的參數中需要帶入一個函式，而這個函式會在「畫面轉譯完成」後被呼叫

```
// ./src/App.js
// ...

const App = () => {
  const [currentTheme, setCurrentTheme] = useState('light');
  const [currentWeather, setCurrentWeather] = useState({/* ... */});

  // 加入 useEffect 方法，參數是需要放入函式
  useEffect(() => {});

  return {/* ... */};
};
```

3. 最後我們在元件中的幾個不同位置使用 **console.log()** 看看

```
// ./src/App.js
// ...
```

```
const App = () => {
  console.log('invoke function component'); // 元件一開始加入 console.log

  const [currentTheme, setCurrentTheme] = useState('light');
  const [currentWeather, setCurrentWeather] = useState({/* ... */});

  useEffect(() => {
    // useEffect 中 console.log
    console.log('execute function in useEffect');
  });

  return (
    <Container>
      {/* JSX 中加入 console.log */}
      {console.log('render')}
      <WeatherCard>{/* ... */}</WeatherCard>
    </Container>
  );
};
```

在三個不同的位置使用 `console.log()` 來看執行的時間點：

```
3  ∨ const App = () => {
4        console.log('invoke function component');
5        const [currentTheme, setCurrentTheme] = useState('light');
6  >     const [currentWeather, setCurrentWeather] = useState({ ⋯
13       });
14
15 ∨     useEffect(() => {
16         console.log('execute function in useEffect');
17       });
18
19       // ⋯
20 ∨     return (
21 ∨       <ThemeProvider theme={theme[currentTheme]}>
22 ∨         <Container>
23           {console.log('render')}
24 >           <WeatherCard> ⋯
47           </WeatherCard>
48         </Container>
49       </ThemeProvider>
50       );
51   };
```

觀察 useEffect 中函式被執行的時間點

由於 useEffect 這個方法使用時需要在參數中帶入一個函式，因此透過 console.log('execute function in useEffect'); 我們可以觀察這個函式被呼叫的時間點。

現在打開瀏覽器的開發者工具，在 console 面板中你應該可以看到 console. log 的訊息內容以如下的順序出現：

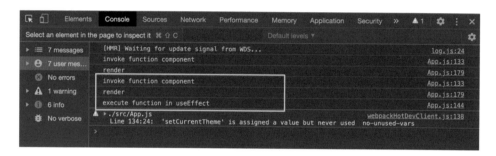

關閉 React.StrictMode

你會發現這裡雖然出現了兩次 invoke function component 和 render，但實際上我們只需要看方框標註的地方即可，前面多出來的兩次，主要是因為在 index.js 中，預設使用了 `<React.StrictMode>` 把 `<App />` 包住，因此它會去多幫我們檢查元件的使用，進而多出了兩行。

這裡為了讓讀者對於 `useEffect` 觸發的時間點有更清楚的理解，讀者可以先把 `<React.StrictMode>` 拿掉：

```
const root = ReactDOM.createRoot(document.getElementById('root'));
root.render(
  // <React.StrictMode>
  <App />
  // </React.StrictMode>
);
```

這時候同樣透過在瀏覽器的開發者工具中，你將只會看到如上圖方框標註中三行的內容：

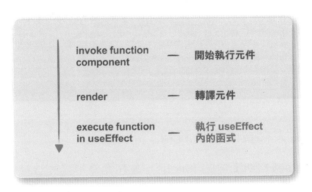

也就是說，`useEffect` 內的 function 會在元件轉譯完後被呼叫，要注意的是「轉譯完後」才會呼叫，如果你知道 `callback function` 的概念，這個 `useEffect` 內的函式就很像是元件轉譯完後要執行的 callback function。

跟著一起把這個重要的觀念重複唸一遍：元件轉譯完後才會呼叫 `useEffect` 內的 function。

▶ 如果元件需要重新轉譯呢

剛剛我們看到的是網頁重新整理後第一次載入網頁的情況，那如果使用到了 `useState` 提供的 `setSomething` 這個方法時，`useEffect` 中的函式會在什麼時候被呼叫呢？

你可以透過點擊右下角的「重新整理」按鈕來觸發元件更新。可以看到當我們使用 useState 提供的 setSomething 讓觸發畫面重新轉譯時，console.log 顯示的順序和剛剛第一次載入網頁時的順序是一樣的，因此，不管這個元件是第一次轉譯還是重新轉譯，useEffect 內的 function 一樣會在元件轉譯完後被呼叫。

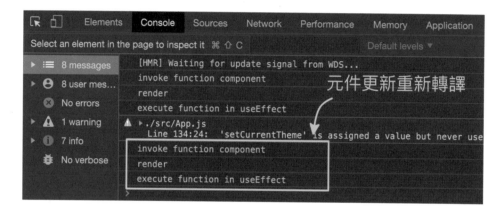

▶ 在第一次載入網頁時更新資料

現在我們知道 useEffect 內的 function 會在元件轉譯完後被呼叫，這個時間點剛好非常適合來呼叫 API 並更新資料，於是，我們可以在 useEffect 中建立一個函式，並把拉取並更新元件資料的方法放進去（也就是 handleClick 的方法）：

1. 把原本的 handleClick 方法改名為 fetchCurrentWeather
2. 在 useEffect() 的函式中呼叫 fetchCurrentWeather

> **TIPS**
>
> 請把這個段落看完後再實作，否則將會進入無窮迴圈！

```
const App = () => {
  console.log('invoke function component');
  // ...

  useEffect(() => {
    console.log('execute function in useEffect');
    fetchCurrentWeather();
  });

  const fetchCurrentWeather = () => {...
  };

  return (
    <ThemeProvider theme={theme[currentTheme]}>
      <Container>
        {console.log('render')}
        <WeatherCard>
          {/* ... */}

          <Refresh onClick={fetchCurrentWeather}>...
          </Refresh>
        </WeatherCard>
      </Container>
    </ThemeProvider>
  );
};
```

存檔後來看一下結果：

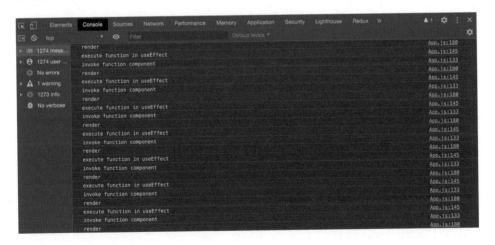

糟糕了！你會發現 console 不斷噴出新東西，陷入了無限迴圈！！！

▶ 為什麼會陷入無限迴圈

我們先來了解一下為什麼會陷入無限迴圈。

首先，當頁面第一次載入，元件轉譯完成後，會去執行 useEffect 中的函式，而這個函式中會在 fetchCurrentWeather 取得 API 回應的資料後，呼叫 setCurrentWeather 來更新畫面上的資料，更新畫面就表示該元件會重新轉譯，於是轉譯完後又會再次執行 useEffect 中的 fetchCurrentWeather 方法，接著再次呼叫 setCurrentWeather 觸發畫面重新轉譯，然後 useEffect 中的函式再次被呼叫，接著就繼續不斷這樣的循環……。

整個流程就像下面這樣的概念：

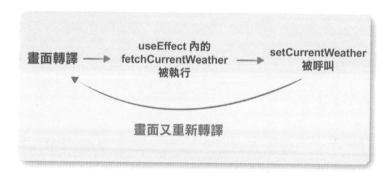

▶ 如何讓 useEffect 內的函式有條件的不被呼叫

那麼要怎麼停止這個無限迴圈呢？

要停止這個無限迴圈會需要在「特定時間」讓 useEffect 內的函式不要被呼叫到就可以，這個「特定時間」通常是「已經向 API 拉取過資料」或者「React 內的資料沒有變動」時。

前面我們知道，useEffect 內的函式會在「每一次」畫面轉譯完後被呼叫，好在 useEffect 還提供了第二個參數 dependencies 讓我們使用：

```
useEffect(<didUpdate>, [dependencies])
```

第二個參數稱作 **dependencies**，它是一個陣列，只要每次重新轉譯後 dependencies 內的元素沒有改變，任何 useEffect 裡面的函式就不會被執行！

所以 **useEffect** 內的函式會在元件轉譯完成後被呼叫，現在多了一個前提：「元件轉譯完後，如果 dependencies 有改變，才會呼叫 useEffect 內的 function」。具體來說是什麼意思呢？

現在回到原本的「台灣好天氣」的程式碼中，在 **useEffect** 中帶入第二個參數，帶入一個空陣列 [ ] 就好。帶入空陣列的話，因為空陣列中沒有元素，自然永遠都不會改變，因此就等同於只有在頁面載入時會執行 useEffect 中函式的內容：

```
// 第二個參數放入空陣列
useEffect(() => {
  console.log('execute function in useEffect');
  fetchCurrentWeather();
}, []);
```

這時候我們重新整理頁面，不會再出現無窮迴圈，而 **console.log** 的順序如下：

```
[ 元件初次轉譯 ]
invoke function component
render
execute function in useEffect

[ 因為 useEffect 中的 fetchCurrentWeather 函式中有呼叫了 setCurrentWeather，
所以會再重新轉譯畫面 ]
invoke function component
render
```

我們可以看到，這個元件被執行了兩次（有兩次 invoke function component），為什麼會執行兩次呢？

如下圖，第一次畫面轉譯後，因為 dependencies 的值才剛被帶入，所以會呼叫 useEffect 內的函式，並呼叫到 setCurrentWeather 這個方法，使得畫面再次轉譯；第二次畫面轉譯完後，發現 dependencies 陣列沒有改變（一樣什麼元素都沒有），因此就不會再次執行 useEffect 內的函式，也因此不會再次呼叫到 setCurrentWeather，如此避免掉了無窮迴圈的問題：

在使用 useEffect 的時候大部分都會帶入這第二個 dependencies 參數，只是會根據需要在該陣列中放入不同元素。在今天的例子中，為了避免元件一直無窮更新的問題，因此會帶入一個空陣列，讓 useEffect 裡的這個函式只會被執行一次。

useEffect 中的 dependencies 陣列

現在我們知道 useEffect 中函式執行的時間點一定會是元件轉譯完之後，至於這個函式到底會不會被呼叫則取決於 dependencies 陣列中的元素是否相同（Same-value equality）。

大家可以把 dependencies 陣列中放入的元素當作是「被觀察」的變數，你可以想像當我們把某個變數放入 dependencies 陣列中時，是在告訴這個 useEffect 說，幫我顧好這幾個變數喔！如果它們有改變的話，你就要再重新做一次事。

另外，這個有沒有改變的判斷，底層是用 `Object.is()` 這個方法來判斷，在大多數的情況下 `Object.is()` 和 `===` 的比較結果都是相同的，除了當值有可能是 `-0` 或 `NaN` 這兩個情況，判斷方式才會有所不同。

因此，讀者們可以把這「相同」簡單想成是用 `===` 來比較，因此要特別留意的是，如果你是在 dependencies array 中放入「物件」或「函式」的話，即使兩個物件中的屬性和值完全相同，但因為物件或函式實際上參照到的是不同的記憶體位置，因此在比對時都會認為是不同的。

> **TIPS**
>
> 若對於物件與函式為什麼會參照到不同的記憶體位置，可以參考 Github 上單元說明頁中關於「談談 JavaScript 中 by reference 和 by value 的重要觀念」的連結。

useEffect 的 effect 指的是什麼

另外，我們知道 useState 中的 `state` 指的是保存在 React 元件內部的資料狀態，那麼 useEffect 中的 `effect` 又是什麼呢？

這個 effect 指的是副作用（side-effect）的意思，在 React 中會把畫面轉譯後和 React 本身無關而需要執行的動作稱做「副作用」，這些動作像是「發送 API 請求資料」、「手動更改 DOM 畫面」等等。

副作用（side-effect）又簡稱為 effect，就使用 `useEffect` 這個詞，而 `useEffect` 內帶入的函式主要就是用來處理這些副作用，因此帶入 `useEffect` 內的函式也會被稱作 `effect`。

「手動更改 DOM 畫面」指的是透過瀏覽器原生的 API 或其他第三方套件去操作 DOM，而不是透過讓 React 元件內 state 改變而更新畫面呈現的方式。

換你了！ 讓頁面一載入就自動更新資料吧

現在要請你實際透過 `useEffect` 這個方法，當畫面載入時就自動拉取最新的觀測資料！現在，你可以參考下面了流程：

- 關閉 `index.js` 中的 `<React.StrictMode>`
- 在 App 元件中使用 `useEffect` 方法，並搭配 `console.log` 觀察 `useEffect` 中函式被執行的時間點
- 把 `handleClick` 方法改名為 `fetchCurrentWeather`
- 在 `useEffect` 的函式中呼叫 `fetchCurrentWeather`（可能會出現無窮迴圈）
- 在 `dependencies` 陣列中放入空陣列 `[]`，觀察 `useEffect` 中函式是否再次被呼叫

本單元相關之網頁連結、完整程式碼，以及程式碼變更部分可於 `fetch-data-when-page-loaded-with-useEffect` 分支檢視：

https://github.com/pjchender/learn-react-from-hook-realtime-weather-app/tree/fetch-data-when-page-loaded-with-useEffect

5-5 實作資料載入中的狀態

本單元對應的專案分支為：`show-loading-status`。

單元核心

這個單元的主要目標包含：

- 了解為什麼需要製作「資料載入中」的狀態
- 了解實作「資料載入中」的方法
- 了解如何從 `setState()` 中透過帶入函式的方式取得未變更前的資料狀態

現在頁面一載入或當使用者點擊了重新整理的按鈕時，就會透過中央氣象局的 API 重新拉取最新的觀測資料，並更新畫面內容，但如果使用者再點一次，因為畫面上沒有任何資料有變動，使用者有些時候會不太確定到底是自己沒點到，或是點到了但資料正在載入中。

什麼是資料載入中的狀態

為了著重良好的使用者體驗，不要讓使用者不清楚發生了什麼事，許多網站都會實作「資料載入中」的畫面。特別是由於現今網站許多都是透過 AJAX 去向後端伺服器拉取資料回來呈現，拉取資料的過程中必然需要消耗一些時間，因此處理「載入中」的狀態算是現在每個網站都需要考慮到的。

以 Instagram 為例，一開始進入網頁的時候，會先看到一個「空畫面」：

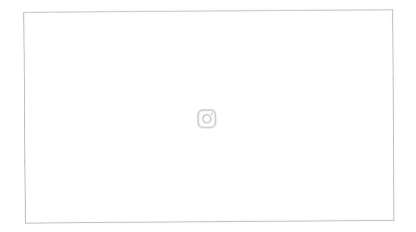

接著會出現一個「空殼」，可以注意到右下角有一個載入中的圖示，也就是那一朵像花會轉動的東西，相信大家一定不陌生：

那麼回到我們的即時天氣 App 中可以怎麼樣做呢？

實作載入中的資料狀態 - isLoading

▶ 定義「載入中」的資料狀態 - isLoading

現在可以在 **useState** 的地方，多新增一個 **isLoading** 的狀態，當它是 **true** 時表示資料還在載入中，這時候就可以顯示對應載入的畫面。一般會把 **isLoading** 的預設值設為 **true**，表示一進來的時候就正在拉取資料：

```js
// ./src/App.js
const [currentWeather, setCurrentWeather] = useState({
  // ...
  rainPossibility: 60,
  isLoading: true,    // 多一個名為 isLoading 的狀態
});
```

> **TIPS**
>
> 這裡也可以把 isLoading 拆成另一個 state，但這裡考量到載入完成指的就是天氣資料（currentWeather）是否已經載入完成，因此多數時候是 isLoading 和 currentWeather 是會一起變動的，所以才把 isLoading 的狀態放在 currentWeather 物件中。

▶ 資料取得後修改 isLoading 的狀態

接著在原本更新 **currentWeather** 函式中，透過 **setCurrentWeather** 把
isLoading 的值改為 **false**，表示資料已經載入完畢：

```javascript
// ./src/App.js
const fetchCurrentWeather = () => {
  fetch(/* ... */)
    .then((response) => response.json())
    .then((data) => {
      // ...
      setCurrentWeather({
        // ...
        rainPossibility: 60,
        isLoading: false,   // 資料拉取完後，把 isLoading 設為 false
      });
    });
};
```

▶ 點擊重新整理時，再次將 isLoading 改為 true - 使用 prevState

現在，當使用者初次進來網站時，一開始的 **isLoading** 會是 **true**，也就是
資料正在載入中；待 **fetchCurrentWeather** 的資料都回來之後，**isLoading**
會變成 **false**。

但還有一個情況是當使用者點擊右下角的重新整理時，也需要把 **isLoading**
的狀態改成 **true**，這時候我們可以在 **fetchCurrentWeather** 實際開始向
API 拉取資料前，先把 **isLoading** 的狀態設成 **true**。

但要注意的是，像下圖這種寫法是會產生錯誤的：

```javascript
const fetchCurrentWeather = () => {
  // ❌ 這種寫法是錯的
  setCurrentWeather({ isLoading: true });
```

```
fetch(/* ... */)
  .then((response) => response.json())
  .then((data) => {
    //...
  });
};
```

我們需要在呼叫 fetch 之前去將 isLoading 改成 **true** 這部分的邏輯是沒有錯的，但還記得在前面的單元中，筆者曾提到「每次 setSomething 時都是用新的資料覆蓋舊的」，所以這裡如果直接用：

```
setCurrentWeather({ isLoading: true });
```

那麼整個 currentWeather 的資料狀態都會被覆蓋掉，變成只剩下 `{ isLoading: true }`。

好在，透過 **useState** 產生的 **setSomething** 這個方法中，參數不只可以帶入物件，還可以帶入函式，透過這個函式就可以取得「更新前的資料狀態」，慣例上我們會把前一次的資料狀態取名為 **prevState**，接著透過物件的解構賦值把原本的資料狀態（**prevState**）放入物件中，再把要更新的資料狀態放進去：

```
// 在 setState 中如果是帶入函式的話，可以取得前一次的資料狀態
setState(prevState => {
  return {...prevState, ...updatedValues};
});
```

因此，這裡的 **setCurrentWeather** 中，只需要帶入函式就可以取得原本的資料狀態，再透過物件的解構賦值把原有資料帶進去，更新 **isLoading** 的狀態改成 **true** 就可以了，程式碼會修改成下面這樣：

```
const fetchCurrentWeather = () => {
  setCurrentWeather((prevState) => ({
    ...prevState,
```

```
    isLoading: true,
  }));

  fetch(/* ... */)
    .then((response) => response.json())
    .then((data) => {
      //...
    });
};
```

到這一步後，一開始畫面載入或使用者點選「更新按鈕」時 isLoading
會是 **true**，資料載入完畢後 isLoading 會變成 **false**。如果你不確定
是不是有正確修改的話，可以在 **return** JSX 的地方，使用 **console.**
log(currentWeather.isLoading) 看一下：

```
return (
  <ThemeProvider theme={theme[currentTheme]}>
    <Container>
      {console.log('render, isLoading: ', currentWeather.isLoading)}
      <WeatherCard>···
      </WeatherCard>
    </Container>
  </ThemeProvider>
);
```

從瀏覽器的開發者工具中可以看到：

■ 一開始網頁載入時，畫面一共會轉譯三次，isLoading 的狀態分別是
  true（預設值）->**true**（拉資料前）->**false**（拉完資料後）

■ 當使用者點選更新按鈕後，畫面會轉譯兩次，isLoading 的狀態分別是
  true（拉資料前）->**false**（拉完資料後）

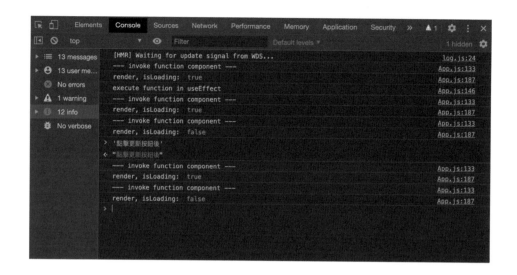

撰寫載入中要顯示的樣式

現在透過 `isLoading` 的狀態，我們已經可以清楚知道什麼時候是正在拉取資料，什麼時候已經取得資料，因此就可以來撰寫載入中要顯示的樣式了。

這裡載入中的提示很簡單，當資料在載入中的時候，右下角的「更新按鈕」就改成顯示「載入中」的圖示，並搭配旋轉的動畫效果。

▶ 根據載入狀態切換顯示圖示

現在就可以根據 `isLoading` 的狀態來切換要顯示的是「更新圖示」或「載入中圖示」，切換圖示的方式就和前一個單元使用到的條件轉譯一樣：

1. 從 `./src/images` 資料夾中載入 loading 圖示，並取名為 `LoadingIcon`

```
// ./src/App.js
import { ReactComponent as LoadingIcon } from './images/loading.svg';
```

2. 使用三元判斷式來做到條件轉譯，當 **isLoading** 為 **true** 時顯示 **LoadingIcon** 否則顯示 **RefreshIcon**，也就是：

```
// ./src/App.js

<Refresh onClick={fetchCurrentWeather}>
    最後觀測時間：
    {/*... */}{' '}
    {currentWeather.isLoading ? <LoadingIcon /> : <RefreshIcon />}
</Refresh>
```

現在，只要資料在載入中，右下角的圖示就會變成 LoadingIcon，載入完畢後就會變回原本的 RefreshIcon。如果你的網路速度很快的話，可能會發現你幾乎看不到 Loading 圖示，這時候你可以如下圖所示，在 **Network** 面板把自己的網速暫時調慢（Slow 3G）後，再重新整理試試看：

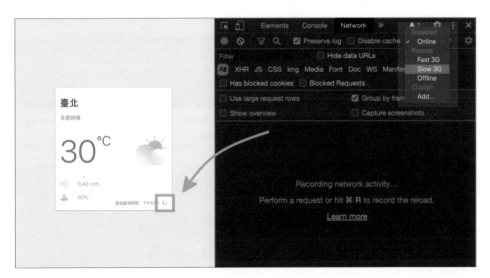

TIPS

除了把網速調慢來檢視 LoadingIcon 的效果，讀者也可以試著使用 React DevTools 來把 isLoading 的狀態改成 true 試試看！

▶ 增加圖示旋轉的效果

只是這種效果設計師是不會滿意的，因為一點都沒有「載入中」的感覺，這裡我們得要加上一點旋轉的效果來讓它看起來更像是在「載入中」。

我們只需要透過 CSS 的 **animation** 就可以讓圖示旋轉，回到使用 styled components 撰寫 **Refresh** CSS 樣式的地方，只需要在這裡面加上 **animation** 的效果就可以了：

1. 使用 **@keyframes** 定義旋轉的動畫效果，並取名為 **rotate**，接著在裡面使用 CSS 的 transform rotate 來產生旋轉的動畫

```
const Refresh = styled.div`
  /* ... */
  /* STEP 1：定義旋轉的動畫效果，並取名為 rotate */
  @keyframes rotate {
    from {
      transform: rotate(360deg);
    }
    to {
      transform: rotate(0deg);
    }
  }
`;
```

2. 針對 **svg** 圖示透過 **animation** 屬性套用 **rotate** 動畫效果

```
const Refresh = styled.div`
  //...

  svg {
    //...
    /* STEP 2：使用 rotate 動畫效果在 svg 圖示上 */
    animation: rotate infinite 1.5s linear;
  }
```

```
/* STEP 1：定義旋轉的動畫效果，並取名為 rotate */
@keyframes rotate {/* ... */}
`;
```

現在你應該會看到不論資料是否在載入中，畫面上的 **<Refresh />** 圖示都會一直旋轉，因為我們並沒有告訴它說什麼時候要開始或停止套用旋轉的動畫。

▶ 只有在載入資料時才旋轉 - 把資料透過 props 傳入 Styled Component 內

還記得曾經在前面的單元中提過，透過 CSS-in-JS 的這種寫法，除了可以在 CSS 中使用 JavaScript 外，還可以把資料透過 props 傳到 Styled Component 內，讓 CSS 可以根據這個資料來調整套用的樣式。

因此這裡可以這樣做：

1. 是否正在載入中的 **isLoading** 資料狀態透過 props 帶入 **<Refresh>** 這個 styled components 中

```
<Refresh
  onClick={fetchCurrentWeather}
  isLoading={currentWeather.isLoading}
>
  最後觀測時間：{/* ... */}
</Refresh>
```

2. 在 **Refresh** 中的 **animation-duration** 屬性把傳入的 props 取出，直接透過物件的解構賦值取出 **isLoading**，並以此判斷是否要執行動畫，當 **animation-duration** 為 **0s** 的話表示則不旋轉：

```
const Refresh = styled.div`
  // ...
```

```css
svg {
  // ...
  /* STEP 2：使用 rotate 動畫效果在 svg 圖示上 */
  animation: rotate infinite 1.5s linear;
  /* STEP 3：isLoading 的時候才套用旋轉的效果 */
  animation-duration: ${({ isLoading }) => (isLoading ? '1.5s' : '0s')};
}

/* STEP 1：定義旋轉的動畫效果，並取名為 rotate */
@keyframes rotate { /* ... */ }
`;
```

現在不論是第一次載入頁面，或是當你按下重新整理的按鈕，只有當資料真正時處於載入中的狀態時（**isLoading = true**），這個圖示才會套用旋轉的效果。

使用解構賦值讓版面更乾淨

現 在 在 **\<App /\>** 元 件 的 JSX 中 ， 使 用 了 非 常 多 **currentWeather.observationTime**、**currentWeather.locationName**、**currentWeather.temperature**⋯，這樣寫起來非常繁瑣，因為一直要多寫 **currentWeather.OOO**。

因此在 React 中對於物件類型的資料，經常會使用物件的解構賦值方法，先把要使用到的資料取出來，像是這樣：

```javascript
const App = () => {
  // ...
  const {
    observationTime,
    locationName,
    description,
```

```
    windSpeed,
    temperature,
    rainPossibility,
    isLoading,
  } = currentWeather;

  return {
    /* ... */
  };
};
```

如此，在 JSX 中就可以直接使用這些變數，而不需要在前面多加上 **currentWeather.ooo**，修改後的程式碼會變得更加精簡：

```
<WeatherCard>
  <Location>{locationName}</Location>
  <Description>{description}</Description>
  <CurrentWeather>
    <Temperature>
      {Math.round(temperature)} <Celsius>°C</Celsius>
    </Temperature>
    <DayCloudy />
  </CurrentWeather>
  <AirFlow>
    <AirFlowIcon /> {windSpeed} m/h
  </AirFlow>
  <Rain>
    <RainIcon /> {rainPossibility}%
  </Rain>
  <Refresh onClick={fetchCurrentWeather} isLoading={isLoading}>
    最後觀測時間：
    {new Intl.DateTimeFormat('zh-TW', { …
    }).format(dayjs(observationTime))}{' '}
    {isLoading ? <LoadingIcon /> : <RefreshIcon />}
  </Refresh>
</WeatherCard>
```

換你了！ 完成資料載入中的狀態

現在換你來完成資料載入中的狀態。可以參考以下流程：

- 在 **currentWeather** 中新增 **isLoading** 的資料，並預設為 **true**

- 當從 API 取得資料後將 isLoading 的值改為 false
- 若使用者點擊重新整理的按鈕，則要先讓 isLoading 變成 true，這裡要留意如何從 setState() 中以帶入函式的方式取得未變更前的資料狀態
- 載入 Loading 圖示
- 透過 CSS 增加旋轉的動畫效果，讓 Loading 圖示可以旋轉
- 將 isLoading 的資料狀態以 props 傳入 <Refresh> 中，並根據此狀態決定要不要讓圖示套用旋轉動畫
- 使用物件的解構賦值，將所需的資料從 currentWeather 中取出，並帶入 JSX 內

本單元相關之網頁連結、完整程式碼與程式碼變更部分可於 show-loading-status 分支檢視：

https://github.com/pjchender/learn-react-from-hook-realtime-weather-app/tree/show-loading-status

5-6　搭配 useEffect 拉取多支 API 回傳的資料

本單元對應的專案分支為：fetch-forecast-data。

單元核心

這個單元的主要目標包含：

- 了解如何搭配 useEffect 拉取多支 API 回傳的資料
- 在 setSomething 中代入函式，以取得原本的資料狀態

到目前為止「台灣好天氣」已經可以在載入時自動拉取資料，也可以在使用者點選「重新整理」時重新拉取資料，但是所需的資料還不完整，其中還沒有取得「天氣描述」、「降雨機率」，因此也無法更新天氣圖示。

在這個單元中，我們會使用中央氣象局提供另一支「天氣預報 API」來取得不足的資訊，並且學習在 React 元件中，如何一次發送多支 API 請求。

了解 API 回傳的天氣預報資料

為了要取得「降雨機率」與「天氣描述」的資料，這裡會使用到前面曾說明過「一般天氣預報 - 今明 36 小時天氣預報」這支 API。同樣可以在線上說明文件試打「/v1/rest/datastore/F-C0032-001 一般天氣預報 - 今明 36 小時天氣預報」這支 API 來取得回應：

點擊「Try it out」，填入授權碼後，看看這支 API 會回應的資料內容。

從回應的內容中可以看到，我們一樣可以從 `records.location` 中取得和天氣有關的資料：

```json
{
  "success": "true",
  "result": {
    /* ... */
  },
  "records": {
    "datasetDescription": " 三十六小時天氣預報 ",
    "location": [/* ... */]
  }
}
```

一樣在 location 屬性中的 weatherElement 中，可以看到提供了很多不同類型的資料：

```json
{
  "weatherElement": [
    {
      "elementName": "PoP",
      "time": [
        {
          "startTime": "2020-06-28 18:00:00",
          "endTime": "2020-06-29 06:00:00",
          "parameter": {
            "parameterName": "0",
            "parameterUnit": " 百分比 "
          }
        }, // ...
      ]
    }, // ...
  ]
}
```

從這些資料中可以取得最近 36 小時的天氣預報，並且將資料切成每 12 小時一份，因此在時間（time）欄位中，一共會有三個資料。

對照著「預報 XML 產品預報因子欄位中文說明表（https://opendata.cwb.gov.tw/opendatadoc/MFC/D0047.pdf）」這份文件，可以知道回傳的資料裡面包含「天氣現象（Wx）」、「降雨機率（PoP）」、「舒適度（CI）」、「最高溫度（MaxT）」和「最低溫度（MinT）」：

一般天氣預報-今明36小時天氣預報 (F-C0032-001)
一般天氣預報-今明36小時天氣預報(英文版) (F-C0032-002)

預報因子欄位	中文說明	備註
Wx	天氣現象	
MaxT	最高溫度	
MinT	最低溫度	
CI	舒適度	
PoP	降雨機率	12小時分段

106.9.27 氣象預報中心 製表

也就是說，透過天氣預報這支 API 我們不只拿到了「降雨機率」，同時也可以透過「天氣現象」和「舒適度」來組成畫面中所需的「天氣描述」。另外在「天氣現象」回傳的資料中，還提供了天氣描述代碼（weatherCode），後續將可以透過這個代碼來顯示對應的「天氣圖示」：

預報產品天氣描述代碼表

中文描述	英文描述	分類代碼
晴天	CLEAR	1
晴時多雲	MOSTLY CLEAR	2
多雲時晴	PARTLY CLEAR	3
多雲	PARTLY CLOUDY	4
多雲時陰	MOSTLY CLOUDY	5
陰時多雲	MOSTLY CLOUDY	6
陰天	CLOUDY	7
多雲陣雨	PARTLY CLOUDY WITH SHOWERS	8
多雲短暫雨	PARTLY CLOUDY WITH OCCASIONAL RAIN	8
多雲短暫陣雨	PARTLY CLOUDY WITH OCCASIONAL SHOWERS	8
午後短暫陣雨	OCCASIONAL AFTERNOON SHOWERS	8
短暫陣雨	OCCASIONAL SHOWERS	8
多雲時晴短暫陣雨	PARTLY CLEAR WITH OCCASIONAL SHOWERS	8

透過 fetch 取得天氣預報資料

現在我們就可以透過剛剛找到的這支 API 來填補當初資料不足的部分。

▶ 修改資料狀態的名稱

原本在定義資料狀態 state 的時候，是用 currentWeather 和 setCurrentWeather：

```
const [currentWeather, setCurrentWeather] = useState(/* ... */);
```

但現在這個資料將不只包含當前的天氣資料，還包含從天氣預報中取得的雨量和天氣描述的資料，為了避免自己寫到後來混淆，先把資料的命名改成 weatherElement：

```
const [weatherElement, setWeatherElement] = useState(/* ... */);
```

原本程式中就有使用到 currentWeather 和 setCurrentWeather 的部分，記得也要一併改成 weatherElement 和 setWeatherElement，如下圖所示：

```
const App = () => {
  console.log('--- invoke function component ---');
  const [currentTheme, setCurrentTheme] = useState('light');
  const [weatherElement, setWeatherElement] = useState({ ···
  });

  useEffect(() => {···
  }, []);

  const fetchCurrentWeather = () => {
    setWeatherElement((prevState) => ({
      ... prevState,
      isLoading: true,
    }));

    fetch( ···
    ) ···
  };

  const {
    observationTime,
    locationName,
    description,
    windSpeed,
    temperature,
    rainPossibility,
    isLoading,
  } = weatherElement;
```

▶ 撰寫 fetch 程式碼

現在回到專案中一樣可以透過 fetch 請求天氣預報的資料，寫法會像這樣：

```
const LOCATION_NAME_FORECAST = '臺北市';

fetch(
`https://opendata.cwb.gov.tw/api/v1/rest/datastore/F-C0032-001?
Authorization=${AUTHORIZATION_KEY}&locationName=${LOCATION_NAME_
FORECAST}`
)
  .then((response) => response.json())
  .then((data) => console.log('data', data));
```

> **TIPS**
>
> 這裡我們額外定義了一個變數名稱為 LOCATION_NAME_FORECAST，
> 值是「臺北市」，還記得前面曾經提過「天氣觀測」和「天氣預報」需要
> 填入的 locationName 不同，「天氣觀測」要帶入的是「局屬觀測站」，
> 而「天氣預報」要帶入是「縣市名稱」。這裡因為是呼叫「天氣預報」的
> API，因此需要帶入的是「臺北市」而不是「臺北」，否則會無法正確取
> 得資料。

▶ 撰寫呼叫天氣預報 API 的函式

如同 fetchCurrentWeather 一樣，現在來撰寫一個 fetchWeatherForecast
的方法，把資料取回來後，過濾出我們需要的資料。

fetchWeatherForecast 的程式碼，邏輯基本上和 fetchCurrentWeather
是一樣的：

1. 透過 reduce 過濾出所需要的天氣因子，包含「天氣現象（Wx）」、「降雨
   機率（PoP）」和「舒適度（CI）」。

2. 這裡之所以使用了 **item.time[0]** 是因為在「未來 36 小時天氣預報」
   的資料中，會回傳三個時段的資料（每 12 小時一組），而我們要顯示的
   是即時天氣資訊，所以我們就只取最接近的 12 小時預報資料，也就是
   time 陣列中的第一個元素：

```javascript
const fetchWeatherForecast = () => {
  fetch(/*...*/)
    .then((response) => response.json())
    .then((data) => {
      // 取出某縣市的預報資料
      const locationData = data.records.location[0];

      const weatherElements = locationData.weatherElement.reduce(
        (neededElements, item) => {
          // 只保留需要用到的「天氣現象」、「降雨機率」和「舒適度」
          if (['Wx', 'PoP', 'CI'].includes(item.elementName)) {
            // 這支 API 會回傳未來 36 小時的資料，這裡只需要取出最近 12 小時
            //   的資料，因此使用 item.time[0]
            neededElements[item.elementName] = item.time[0].parameter;
          }
          return neededElements;
        },
        {}
      );
    });
};
```

3. 把資料透過 **setWeatherElement** 更新 React 元件的資料狀態中，但這麼
   做會有一些問題，將於後面說明

```javascript
// 這麼做會有問題，將於後面說明
const fetchWeatherForecast = () => {
  fetch(/*...*/)
    .then((response) => response.json())
    .then((data) => {
```

```
    // ...

    setWeatherElement({
        description: weatherElements.Wx.parameterName,
        weatherCode: weatherElements.Wx.parameterValue,
        rainPossibility: weatherElements.PoP.parameterName,
        comfortability: weatherElements.CI.parameterName,
    });
  });
};
```

4. 由於在元件中多了舒適度（**comfortability**）和天氣描述代碼（**weatherCode**）的資料，因此記得在 **useState()** 的預設值中，也把這兩個屬性的預設值放進去：

```
const [weatherElement, setWeatherElement] = useState({
  // ...
  comfortability: ' 舒適至悶熱 ',
  weatherCode: 0,
  isLoading: true,
});
```

5. 現在我們把這個寫好的方法，放到 **useEffect** 中去呼叫，像是這樣：

```
useEffect(() => {
  console.log('execute function in useEffect');
  fetchCurrentWeather();
  fetchWeatherForecast();
}, []);
```

錯誤處理：留意 useState 的使用

但是當我們這樣寫之後，你會看到「台灣好天氣」中顯示溫度變成了 **NaN**，部分資料也無法正常顯示，表示資料出現了一些問題：

為什麼會發生這樣的錯誤呢？

這並不新鮮，其實我們已經碰到過了，還記得之前我們有提到 setSomething 這個方法是會把舊有的資料全部清掉，用新的去覆蓋，而這就是問題的原因。

因為我們呼叫了兩次不同的 API，而且在裡面都各自使用了 setWeatherElement，但我們只把透過 API 取得的資料放進去，而沒有把舊有的資料保留下來。時好時壞是因為這兩道 API 回傳資料的速度每次並不一定，而最後取得資料的會把一開始 weatherElement 中的資料覆蓋掉。有時候 fetchCurrentWeather 比較快得到結果，有時候則是 fetchWeatherForecast 比較快，所以才會有不一致的情況。

要解決這個問題只需要把原本 state 的狀態再重新放入 setSomething 的方法中即可，還記得在 setSomething 這個方法中可以透過帶入函式來取得原有的資料狀態（prevState）嗎？這裡一樣可以透過這樣的方式，把在 weatherElement 中原有的狀態還去就可以了，寫法會像這樣：

```
const [weatherElement, setWeatherElement] = useState(/* ... */)

setWeatherElement((prevState => {
```

```
  // 記得要回傳新的資料狀態回去
  return {
    ...prevState,          // 保留原有的資料狀態
    ...newValue            // 新增或更新的資料
  }
}))
```

修改原本呼叫 setWeatherElement 的地方

在 **fetchCurrentWeather** 和 **fetchWeatherForecast** 的這兩個函式中，都有使用到了 **setWeatherElement** 的方法，因此都需要記得把原本的狀態給帶進去：

- 在 **setWeatherElement** 中帶入函式，並在函式的參數中帶入 **prevState** 將可以取得原有的資料狀態
- 透過物件的解構賦值把原有的資料放進去，後面再放入透過 API 取得的資料
- 當箭頭函式單純只是要回傳物件時，可以連 **return** 都不寫，但回傳的物件需要使用小括號 **()** 包起來
- 原本在 **fetchCurrentWeather** 的函式中，因為當時還沒辦法實際取得天氣描述和降雨機率，所以我們有先寫了假資料在它的 **setWeatherElement** 中，這裡要記得一併移除這兩個屬性

```
const fetchCurrentWeather = () => {
  // ...
  setWeatherElement((prevState) => ({
    ...prevState,
    // description: '多雲時晴',      // 移除這個屬性
    // rainPossibility: 60,         // 移除這個屬性
    observationTime: locationData.time.obsTime,
    locationName: locationData.locationName,
    temperature: weatherElements.TEMP,
    windSpeed: weatherElements.WDSD,
```

```
      isLoading: false,
    }));
  }

  const fetchWeatherForecast = () => {
    // ...
    setWeatherElement((prevState) => ({
      ...prevState,
      description: weatherElements.Wx.parameterName,
      weatherCode: weatherElements.Wx.parameterValue,
      rainPossibility: weatherElements.PoP.parameterName,
      comfortability: weatherElements.CI.parameterName,
    }));
  }
```

這時候畫面就能正確呈現了。

修改當使用者點擊重新整理時呼叫的方法

現在在使用者初次載入頁面時，會同時呼叫到 **fetchCurrentWeather** 和
fetchWeatherForecast 這兩個方法，但在使用者點擊重新整理的時候還不
會，因此在原本 **<Refresh onClick={fetchCurrentWeather} />** 的地方，
也要讓它能夠呼叫 **fetchWeatherForecast**，於是可以把程式碼改成：

```
<Refresh
  onClick={() => {
    fetchCurrentWeather();
    fetchWeatherForecast();
  }}
  isLoading={isLoading}
>
  最後觀測時間：{/* ... */}
</Refresh>
```

修改 weatherElement 的預設值

現在你會發現，當頁面載入時，數字都會閃一下，因為它會先呈現我們在 useState 中的預設值，接著再拉取到中央氣象局的資料後，才把最新的資料帶入畫面中。現在既然我們已經有載入中的狀態，同時又可以取得最新的天氣資料，就可以把原本撰寫在 useState 中的預設值做個修改：

```
const [weatherElement, setWeatherElement] = useState({
  observationTime: new Date(),
  locationName: '',
  temperature: 0,
  windSpeed: 0,
  description: '',
  weatherCode: 0,
  rainPossibility: 0,
  comfortability: '',
  isLoading: true,
});
```

顯示天氣描述與舒適度

最後讓我們在 JSX 中把最新取得的 comfortability 的資料也呈現出來：

```
const App = () => {
  // ...
  const {
    // ...
    description,
    comfortability,
  } = weatherElement;

  return (
    {/* ... */}
    <Description>
```

```
      {description} {comfortability}
    </Description>
    {/* ... */}
  );
};
```

換你了！ 取得天氣描述和降雨機率的資料

在這個單元中，我們透過「一般天氣預報 - 今明 36 小時天氣預報」取得了「降雨機率」、「天氣描述」、「舒適度」與「天氣描述代碼」的資料。雖然現在已經能夠將資料正確顯示在畫面上，但程式碼還有可以改進的地方，我們將會在後續的單元中再來進行程式碼的重構。

現在要請你透過 fetch 取得資料，並整合到 App 元件的資料狀態中。同樣可以參考如下步驟：

- 檢視「一般天氣預報 - 今明 36 小時天氣預報」API 中回傳的資料內容，找到「降雨機率」、「描述」與「舒適度」的欄位
- 將原本透過 useState 取得的資料狀態改名為 weatherElement 和 setWeatherElement
- 撰寫 fetchWeatherForecast 方法，在取得資料後使用 setWeatherElement 更新元件資料狀態
- 在 setWeatherElement 中使用函式以取得原本的資料狀態（prevState），並將此狀態保留在該物件中
- 在 onClick 中呼叫同時呼叫 fetchCurrentWeather 和 fetchWeatherForecast 方法
- 修改 useState 中資料的預設值
- 在 JSX 中顯示 description 和 comfortability 的描述

本單元相關之網頁連結、完整程式碼與程式碼變更部分（時鐘圖示）可於 fetch-forecast-data 分支檢視：

https://github.com/pjchender/learn-react-from-hook-
realtime-weather-app/tree/fetch-forecast-data

5-7 讓拉取 API 的函式與元件脫鉤

本單元對應的專案分支為：`async-function-in-use-effect`。

單元核心

這個單元的主要目標包含：

- 了解可以選擇等待資料回來時一次更新畫面，或分多次更新畫面
- 了解如何在 useEffect 中定義 async function
- 了解如何讓函式與元件解耦，以方便程式碼的拆檔與管理

在上一個單元中，我們已經可以在專案中同時呼叫兩道不同的 API 來取得需要的資料。眼尖的讀者可能會發現，當我們點一次重新整理時，從瀏覽器開發者工具的 console 頁籤中，會發現至少有兩次的畫面更新。

如果你對於導致畫面更新的邏輯夠熟悉的話，應該會想到畫面之所以會更新是因為：

1. 呼叫了 `useState` 提供的 `setWeatherElement` 方法
2. `setWeatherElement` 寫進去的資料的確有改變

而在上一個章節的程式碼中，因為要拉取不同來源的 API 資料，所以呼叫了兩次 `fetch` API，並在 `fetch` 取得資料後，各自一併呼叫 `setWeatherElement` 了 API，而這也就是畫面之所以會轉譯兩次的原因。

根據使用時機選擇一次呈現或分別呈現

其實上面這種做法並沒有錯，但在畫面的呈現上，如果因為使用者網路狀況不好，或其他原因導致兩道 API 回傳資料的速度不一樣的話，畫面就會變得詭異，因為對使用者來說明明是按一次資料更新，但卻會發現畫面上的資料分了兩次進來。

在這裡比較好的做法應該是等到拿完全部的資料後，使用一次 `setWeatherElement` 把所有拿到的資料給進去，這時候使用者就只會看到一次畫面的更新。

但並不是每種狀況都要等全部的資料回來才顯示給使用者看，因為這樣做就有時會喪失了使用 AJAX 分別拉取資料的好處，舉例來說，當我們在瀏覽電商網站時，好的使用者體驗不會等到所有資料都載進來之後才顯示網頁，而是會先呈現一個外框的畫面但內容很多是灰底且尚未載入的，等到 API 資料回傳後才把圖片依序顯示出來，甚至是等到使用者的捲軸滾到該頁面時才去拉取資料並顯示。

因此要等到所有資料都取得後才一次呈現，或是資料回來就馬上呈現，端看畫面的內容量和設計而定。在我們的「台灣好天氣」中，因為資料量不大，所以等到兩個資料都回來後才呈現，並不會讓使用者等待太久，同時也不會導致使用者覺得點一次按鈕卻不同步的更新了兩次畫面。

透過 async 和 Promise 拉取並等待資料回應

我們可以把程式改成等到兩個 API 資料都回來後才呼叫 `setWeatherElement` 去重新轉譯畫面。在 JavaScript 中，要做這種「等待」或者說是「當⋯後，才能⋯」這種動作時，過去最常使用的是回呼函式（callback function），在 ES6 後更多人使用的則是 Promise 和 `async function`，這兩種語法都可以讓程式碼的語意更清楚，在讀起來時更容易理解，同時還可以搭配使用。

TIPS

如果你對於 Promise 或 async function 的用法還不太清楚，可以到本單元 Github 專案說明頁中的連結，或者直接透過 Google 可以找到非常多的說明資料。

修改 fetchCurrentWeather 和 fetchWeatherForecast 讓其回傳帶有資料的 Promise

原本我們是在 **fetchCurrentWeather** 和 **fetchWeatherForecast** 這兩個函式中，各自呼叫 **setWeatherElement** 來更新元件內的資料狀態，現在因為我們希望等到這兩道 API 都取得回應後才來呼叫 **setWeatherElement** 以更新資料，因此這兩個函式可以進行如下的修改：

1. 回傳透過 API 取得的資料，而不用在函式內呼叫 **setWeatherElement**

2. **fetch** 方法本身即會回傳 Promise，因此這裡可以直接把 fetch 回傳出去（**return fetch()**），以便後續在 async function 中可以使用

`fetchCurrentWeather`

```
// ./src/App.js
const fetchCurrentWeather = () => {
  // 留意這裡加上 return 直接把 fetch API 回傳的 Promise 再回傳出去
  return fetch(/* ... */)
    .then((response) => response.json())
    .then((data) => {
      // ...
      // 把取得的資料內容回傳出去，而不是在這裡 setWeatherElement
      return {
        observationTime: locationData.time.obsTime,
        locationName: locationData.locationName,
        temperature: weatherElements.TEMP,
```

```
        windSpeed: weatherElements.WDSD,
      };
    });
  };


const App = () => {/* ... */};
```

fetchWeatherForecast

```
// ./src/App.js
const fetchCurrentWeather = () => {/* ... */}

// 留意這裡加上 return 直接把 fetch API 回傳的 Promise 再回傳出去
const fetchWeatherForecast = () => {
  return fetch(/* ... */)
    .then((response) => response.json())
    .then((data) => {
      // ...
      // 把取得的資料內容回傳出去，而不是在這裡 setWeatherElement
      return {
        description: weatherElements.Wx.parameterName,
        weatherCode: weatherElements.Wx.parameterValue,
        rainPossibility: weatherElements.PoP.parameterName,
        comfortability: weatherElements.CI.parameterName,
      };
    });
};


const App = () => {/* ... */};
```

在 useEffect 中建立 async function 來等待資料回應

現在原本的 `fetchCurrentWeather` 和 `fetchWeatherForecast` 都不會在其內部呼叫 `setWeatherElement`，而是把透過 API 取得的資料回傳出來。因此可以將原本 useEffect 中的函式進行修改：

1. 在 useEffect 的函式中定義 async function，取名為 **fetchData**，在這個 function 中會同時呼叫 **fetchCurrentWeather** 和 **fetchWeatherForecast**
2. 由於 **fetchCurrentWeather** 和 **fetchWeatherForecast** 這兩個函式呼 叫後，會回傳 Promise，因此透過 async function 中的 **await** 語法搭配 **Promise.all** 就可以等待該函式中 fetch API 的資料都取得回應後才讓程 式碼繼續往後走
3. 透過 **console.log** 檢視取得的資料
4. 最後，在 **useEffect** 中執行定義好的 **fetchData** 這個函式

```js
// ./src/App.js
const fetchCurrentWeather = () => {/* ... */}
const fetchWeatherForecast = () => {/* ... */}

const App = () => {
  // ...
  useEffect(() => {
    // STEP 1：在 useEffect 中定義 async function 取名為 fetchData
    const fetchData = async () => {

      // STEP 2：使用 Promise.all 搭配 await 等待兩個 API 都取得回應後才繼續
      const data = await Promise.all([fetchCurrentWeather(),
                fetchWeatherForecast()]);

      // STEP 3：檢視取得的資料
      console.log(data)
    };

    // STEP 4：再 useEffect 中呼叫 fetchData 方法
    fetchData();
  }, []);

  // ...
};
```

進行元件資料狀態更新

由於 Promise.all 回傳的資料會是陣列，而陣列中的元素依序就會是 Promise.all([]) 中各個 Promise 回傳的內容，因此可以直接透過陣列的解構賦值來取出 await Promise.all() 所回傳的資料，並放入 setWeatherElement 中來更新元件的資料狀態：

```
// ./src/App.js

useEffect(() => {
  const fetchData = async () => {
    // 直接透過陣列的解構賦值來取出 Promise.all 回傳的資料
    const [currentWeather, weatherForecast] = await Promise.all([
      fetchCurrentWeather(),
      fetchWeatherForecast(),
    ]);

    // 把取得的資料透過物件的解構賦值放入
    setWeatherElement({
      ...currentWeather,
      ...weatherForecast,
      isLoading: false,
    });
  };

  fetchData();
}, []);
```

處理資料載入中的狀態

另外，開始透過 AJAX 拉取資料前，需要先把 isLoading 的狀態改成 true，因此在 fetchData 的一開始，會先透過 setWeatherElement 將 isLoading 的狀態設為 true：

```javascript
// ./src/App.js

useEffect(() => {
  const fetchData = async () => {
    // 在開始拉取資料前，先把 isLoading 的狀態改成 true
    setWeatherElement((prevState) => ({
      ...prevState,
      isLoading: true,
    }));

    const [currentWeather, weatherForecast] = await Promise.all
        ([fetchCurrentWeather(), fetchWeatherForecast()]);
    // ...
  };

  fetchData();
}, []);
```

重點：當 function 不依賴 state 時，可以將 function 定義在 App 元件外

在這個單元中，我們透過 async function 的方式，等到兩支 API 的資料都得到回應後，才去呼叫 setWeatherElement 更新畫面，如此，使用者便不會感受到資料分成了兩次進來。

除了使用者的體驗外，還有一個重點，在前一個單元中，因為 fetchCurrentWeather 和 fetchWeatherForecast 中都會呼叫到 setWeatherElements 這個方法，也就是說，這兩個方法會需要使用到 App 元件中 useState 回傳的 setWeatherElement，因此當時並沒有辦法把這兩個方法拉到 App 元件外去定義。

但現在因為 fetchCurrentWeather 和 fetchWeatherForecast 都已經不再依賴 useState 提供的 weatherElement 或 setWetherElements 的方法，因此可以自由地搬到 App 元件外，它就像一個獨立的 JavaScript 函式一樣，為了管理上的方便，你也可以把它放到不同的 JavaScript 的檔案中，再透過 import 載入進來使用即可。

```javascript
const fetchCurrentWeather = () => {···
};

const fetchWeatherForecast = () => {···
};

const App = () => {
  console.log('--- invoke function component ---');
  const [currentTheme, setCurrentTheme] = useState('light');
  const [weatherElement, setWeatherElement] = useState({···

  useEffect(() => {
    const fetchData = async () => {
      setWeatherElement((prevState) => (···

      const [currentWeather, weatherForecast] = await Promise.all([
        fetchCurrentWeather(),
        fetchWeatherForecast(),
      ]);                        拉取 API 的方法獨立到 App 元件外

      setWeatherElement({···
    };

    fetchData();
  }, []);
```

這一點對於專案程式碼的管理上很有幫助，把拉取資料的方法和元件本身拆分開來，可以避免元件的程式碼過於龐雜，並且可以將不同支拉取 API 的方法進行拆檔管理。

在這個單元中，我們先只處理使用者初次載入頁面時的情況，下一個單元會再來處理當使用者點擊重新整理按鈕時的情況。

> **換你了！** 將拉取 API 的兩個函式獨立於元件，並搭配
> async...await 取得資料

這個單元使用了較多 JavaScript 在處理非同步請求前的進階語法，像是
Promise 或 async...await，而這也是 JavaScript 在處理 AJAX 資料請求時
非常重要的知識，若讀者對於這個部分較不熟悉的話，這個單元讀起來可能
會相當吃力，讀者可以選擇先跟著提供的程式碼實作，把後續的部分完成
後，未來再把這個部分補齊。

現在，請你將拉取 API 的兩個函式獨立於 App 元件之外，接著透過 async 函
式搭配 Promise 來做到當兩支 API 的資料都回來時，才將資料呈現給使用
者。你可以參考下述流程，試著實際操作看看：

- 讓 fetchCurrentWeather 和 fetchWeatherForecast 直接回傳 fetch，
  並可以取得 API 回應的資料，而不是直接在函式內呼叫 setWeatherElement
- 在 useEffect 中建立名為 fetchData 的 async function
- 在 fetchData 中透過 await Promise.all() 的語法，取得兩支 API 回
  應的結果
- 在 useEffect 內呼叫 fetchData 方法
- 將 fetchData 取得的資料透過 setWeatherElement 來更新元件內的資
  料狀態
- 處理資料載入中的 isLoading 狀態，在 fetchData 的最開始，把
  isLoading 設為 true

本單元相關之網頁連結、完整程式碼與程式碼變更部分可於 **async-
function-in-use-effect** 分支檢視：

https://github.com/pjchender/learn-react-from-hook-
realtime-weather-app/tree/async-function-in-use-effect

5-8 了解定義函式的適當位置以及 useCallback 的使用

本單元對應的專案分支為：`create-function-with-use-callback`。

單元核心

這個單元的主要目標包含：

- 了解 useCallback 的使用方式
- 了解當函式不需要共用時，可以直接將函式定義在 useEffect 內並呼叫使用
- 了解當函式需要共用時，可以把函式拉到 useEffect 外定義
- 了解如何讓函式與元件的資料狀態解耦，以利未來程式的拆檔與管理

在上一個單元中，我們透過 `async function` 搭配 `Promise.all` 的使用，等到取得所有需要的資料後才更新畫面。但在昨天的程式碼中，我們把 `fetchData` 這個 `async function` 定義在 `useEffect()` 內，為什麼我們要這麼做？這麼做有什麼好處呢？還有其他做法嗎？

當函式不需要共用時，可以直接定義在 useEffect 內

先來看一下，在上一個單元中我們怎麼呼叫 `fetchData` 這個方法：

```
const App = () => {
  useEffect(() => {
    // 在 useEffect 的函式中定義 fetchData 這個函式
    const fetchData = async () => {/* ... */};

    // 在 useEffect 的函式中呼叫 fetchData()
    fetchData();
  }, []);
}
```

現在當我們把 **fetchData** 這個函式定義在 **useEffect** 中時，因為在整個 **useEffect** 中沒有相依於任何 React 內的資料狀態（**state** 或 **props**），因此在 **useEffect** 第二個參數的 dependencies 陣列中仍然可以留空就好（即，**[]**），也因為 dependencies 陣列內都固定沒有元素，因此只會在畫面第一次轉譯完成後被呼叫到而已。

> **TIPS**
>
> 當函式不需要共用時，可以直接定義在 useEffect 中。

這種在 **useEffect** 內定義函式並呼叫的作法本身沒有任何問題，但眼尖的朋友可能也會發現，在上一個單元中，原本用來「重新整理」的按鈕現在已經失效了，因為原先用來呼叫 API 的 **fetchCurrentWeather** 和 **fetchWeatherForecast** 這兩個方法，現在都變成是回傳 **Promise** 而不是直接在取得資料後呼叫 **setWeatherElement** 來更新 React 元件內的資料狀態。

那麼如果要讓「重新整理」的按鈕恢復原有的功能，可以怎麼做呢？

當函式需要共用時，可以拉到 useEffect 外

現在我們因為在 **useEffect** 中以及在使用者點擊重新整理的按鈕時，都需要更新資料，因此比較好的做法不是在 **onClick** 中重複撰寫一次和 **fetchData** 一模一樣的程式碼，而是把這個 **fetchData** 的方法搬到 **useEffect** 外，而後就可以在 **useEffect** 和 **onClick** 時都去呼叫這個方法。

也就是把程式碼改成：

```
const App = () => {
  // ...
  // STEP 1：把 fetchData 從 useEffect 中搬出來
  const fetchData = async () => {/* ... */};

  // STEP 2：在 useEffect 中呼叫 fetchData
```

```
useEffect(() => {
  console.log('execute function in useEffect');

  fetchData();
}, []);

return (
  {/* STEP 3：在 onClick 中呼叫 fetchData */}
    <Refresh onClick={fetchData} isLoading={isLoading}>
      {/* ... */}
    </Refresh>
  {/* ... */}
);
};
```

現在就可以在 **useEffect** 中和 **onClick** 中共用 **fetchData** 這個方法！

useCallback 的使用

除了直接把函式拉到 useEffect 外去定義之外，你可能還有看過有一種做法是
使用 **useCallback** 把這個會被共用的函式給包起來，寫法上會像這樣：

```
const App = () => {
  const [currentTheme, setCurrentTheme] = useState('light');
  const [weatherElement, setWeatherElement] = useState({···

  const fetchData = useCallback(async () => {
    setWeatherElement((prevState) => ({···

    const [currentWeather, weatherForecast] = await Promise.all([

    setWeatherElement({···
  }, []);

  useEffect(() => {
    fetchData();
  }, [fetchData]);

  const {···
  } = weatherElement;

  return (
    <ThemeProvider theme={theme[currentTheme]}>···
  );
};
```

這個 `useCallback` 是做什麼用的呢？

我們知道只要 React 內的資料狀態有變動時，這整個用來產生 React 元件的 Function 都會再重新執行一次，也就是說，每次只要資料狀態有變更時，`fetchData` 這個函式就會被重新宣告定義一次，每一次的 `fetchData` 內容雖然都是一樣的，但因為都會經歷重新宣告與賦值的過程，所以其實是「新的」函式。

這裡所謂「內容相同」但卻又是「新的」到底是什麼意思呢？

我們曾經在前面的單元中提到，dependencies 陣列中元素是否相同是透過 `Object.is()` 這個方法來判斷，這個判斷方式就和 `===` 的方式大同小異，在 JavaScript 中要判斷兩個物件是否相同時，並不是直接判斷物件中的屬性名稱和屬性值相同就可以，而是要看它們是否參照到同一個記憶體位置。舉例來說，當我們定義了兩個物件，即使這兩個物件內的屬性名稱和屬性值都一樣，使用 `===` 來判斷也會得到 `false`：

```
const foo = { learn: 'react' };
const bar = { learn: 'react' };
console.log(foo === bar);   // false
```

> **TIPS**
>
> 在許多開發的說明文件中，經常會看到變數或值使用 foo 或 bar，雖然對初學者來說，這個變數很惱人，不清楚為什麼要這樣做，但實際上有經驗的開發者一看就知道這是「沒意義」的變數，單純只是示範用的，因此算是一種共同的默契。撰寫文件的人不需要花不必要的心力去思考變數名稱，而閱讀文件的人一看到 foo、bar 時，就會知道這只是說明用的變數。

而在 JavaScript 中「函式」本質上其實就是物件的一種，因此即使宣告了兩個內容相同的函式，在等值的判斷上還是不同的：

```
const foo = () => 'react';
const bar = () => 'react';
console.log(foo === bar);  // false
```

回到 App 元件中的 **fetchData** 函式來看，現在只要 App 元件的資料狀態一有變動，就會重新產生一個內容相同但實際上並不相同（參照到不同的記憶體位址）的函式。一般來説，在元件重新轉譯時一併重新定義元件內的函式並不會有什麼太大的影響，但有少部分的情況（記住是很少數的時候），你可能會希望不要讓這個 **fetchData** 每次都被重新宣告，例如當這個函式有可能被放到 dependencies 陣列中的情況。

舉例來說，假設現在把 **fetchData** 這個函式放到 dependencies 陣列中：

```
const fetchData = async () => {/* ... */}

// 如果把 `fetchData` 這個函式放到相依陣列中
useEffect(() => {
  fetchData();
}, [fetchData])
```

這時候將會出現無窮迴圈的情況，這是因為對於 **useEffect** dependencies 陣列中的 **fetchData** 來説，每一次元件經過重新轉譯後，雖然 fetchData 函式中的內容相同，但每次的 **fetchData** 其實都是不同的（指稱到不同記憶體位置）。

上面我們有提到，在 JavaScript 中即使物件或函式內容完全相同的情況下，使用 **Object.is** 來判斷兩者是否相同時還是會得到 **false**，那麼有什麼時候是會得到 **true** 呢？簡單來說，當這兩個「東西」是指稱到同一個「位址」時就會是 **true**。

舉例來說：

```
const foo = { learn: 'react' };
```

```
const bar = foo;

// 讓 bar 指稱到和 foo 同一個記憶體位址
console.log(foo === bar);    // true，因為 bar 和 foo 指稱到的是同一個位址

// 當指稱到同一個位址時，修改 bar 就會連帶修改到 foo
bar.learn = ' 從 Hooks 開始，讓你的網頁 React 起來 ';
console.log(foo); // { title: ' 從 Hooks 開始，讓你的網頁 React 起來 ' }
```

當兩個物件指稱到同一個位址時，這時候透過 JavaScript 的 **===** 就會判斷這兩個是相同的。

上面雖然是使用物件來舉例，但套用到函式時的概念也一樣。如果想要在 React 元件重新轉譯後，仍可以指稱到同一個記憶體位置的函式時，就可以使用 **useCallback** 這個 React Hooks 來把 **fetchData** 這個函式給保存下來，讓它不會每次因為元件重新轉譯（render）就變成一個「新的」函式。

這裡先來看一下 **useCallback** 這個 React Hooks 可以怎麼使用。

useCallback 的用法和 **useEffect** 幾乎一樣，同樣可以帶入兩個參數，第一個參數是一個函式，在這個函式中可以去執行原本函式要做的事、或是去呼叫原本的函式，第二個參數一樣是 dependencies 陣列。不同的地方是 useCallback 回傳的是一個函式，只有當 dependencies 有改變時，useCallback 才會回傳一個新的函式：

```
const memoizedFunction = useCallback(() => {
  doSomething(a, b);
}, [a, b]);
```

透過 **useCallback** 就可以避免 Functional Component 每次重新執行後，函式內容明明相同，但卻會重新定義新函式的情況。

實際使用 useCallback

回到原本的 App 元件的程式碼，可以試著把 **useCallback** 實際應用到「台灣好天氣」中。整個流程如下：

1. 從 react 中載入 **useCallback** 這個 React Hook

```
import { useState, useEffect, useCallback } from 'react';
```

2. 使用 **useCallback** 並將回傳的函式取名為 **fetchData**
3. 在 useCallback 的 dependencies 陣列中帶入空陣列
4. 使用 **useCallback** 後，只要 **useEffect** 中的 dependencies 沒有改變，它回傳的 **fetchData** 就可以指稱到同一個函式。再把這個 **fetchData** 放到 **useEffect** 的 dependencies 後，就不會重新呼叫 **useEffect** 內的函式。

```
const App = () => {
  // useCallback 中可以放入函式，這裡可以把原本 fetchData 做的事放入
    useCallback 的函式中
  const fetchData = useCallback(async () => {
    setWeatherElement((prevState) => (/* ... */);
    // ...
  }, []);

  useEffect(() => {
    fetchData();
  }, [fetchData]);
  // ...
}
```

當我們把 **fetchData** 中原本的函式內容用 **useCallback** 包起來後，只要 **useCallback()** 中 dependencies 陣列中的元素沒有改變，那麼這個 **fetchData** 就會一直指稱到相同的函式，而不會在每次函式重新轉譯時就再次建立新的 **fetchData** 函式。

是否有必要使用 useCallback？

實際上 useCallback 被使用到的機會沒有這麼高，useCallback 雖然能夠避免 React 元件在重新轉譯後再次建立新的函式，但多數時候即使重複建立這些函式，對於瀏覽器和電腦的負擔並不會增加太多，相較之下，為了比較 useCallback 中的 dependencies 陣列元素是否相同還可能會消耗更多效能，因此多數的時候並不需要使用到 useCallback 這個方法。

只有在一些情況下，例如當 useEffect 的 dependencies 陣列會需要相依於某個函式時，開發者可以透過 useCallback 來把這個函式保存下來，以避免這個函式在元件重新轉譯後又是「新的」，進而導致 useEffect 每次都會重新執行的情況。

以目前「台灣好天氣」的程式碼來說，useCallback 是可用可不用的，在這裡比較大的用意是向讀者示範 useCallback 這個方法的使用，因為實務上仍會看到開發者使用 useCallback 來作為效能提升的方式之一。

整理 React Hooks 中函式定義的位置

在這一系列的章節中，你會發現同樣的 fetchCurrentWeather, fetchWeatherForecast 或 fetchData 這幾個函式，會根據不同的使用情境，定義在程式碼不同的位置，這裡讓我們來整理一下。

當函式不需要共用時，直接將函式定義在 useEffect 內並呼叫使用

假設 fetchCurrentWeather 只有需要在頁面第一次載入時會被呼叫，而沒有其他情況會需要被呼叫時（例如，點擊重新整理按鈕）。這時候比較好的做法是在 useEffect 中去定義這個函式，並且呼叫它。

前面有提到過，只要元件重新轉譯，定義在元件內的函式都會因為元件的重新轉譯而被重新宣告，但是當我們把函式的定義放在 **useEffect** 中時，因為 **useEffect** 的內容只有在其 dependencies 陣列中的元素有所不同時才會被執行，因此可以減少函式不斷被重新定義的次數。舉例來說：

```
const App = () => {
  const [weatherElement, setWeatherElement] = useState();

  // 當函式不需要共用時，直接把函式的定義放在 useEffect 內，並呼叫該函式
  useEffect(() => {
    const fetchCurrentWeather = () => {
      setWeatherElement(/* ... */);
    };

    fetchCurrentWeather();
  }, []);
};
```

當函式需要共用時，把函式拉到 useEffect 外定義

現在，如果 **fetchCurrentWeather** 同時需要在 useEffect 中呼叫，而且同時也需要在其他情況下（例如，使用者點擊時）被呼叫時，可以把這個函式拉到 useEffect 外定義：

```
const App = () => {
  const [weatherElement, setWeatherElement] = useState();

  // 當函式需要共用時，把該函式拉到 useEffect 外定義

  const fetchCurrentWeather = () => {
    setWeatherElement(/* ... */);
  };
```

```
useEffect(() => {
  fetchCurrentWeather();
}, []);

return <button onClick={fetchCurrentWeather}>API 拉取資料 </button>;
};
```

這種情況下，雖然 **fetchCurrentWeather** 可能會因為元件重新轉譯而不斷被重新定義，但一般來説對於瀏覽器的負擔或效能的影響並不會太大，並不一定需要使用 **useCallback** 來特別處理。

讓函式與資料狀態解耦

最後，如果在 **useEffect** 中需要拉取來自多支 API 的資料時，比較好的做法是讓拉取 API 的方法與元件的資料狀態（即，state 或 props）脱鉤，也就是説，不要在該函式中使用到 **useState** 回傳的 state 或 setSomething，或者是父層元件傳入的 props。如此拉取 API 的函式就可以定義在 React 元件外面，未來更方便將程式碼做拆檔與管理：

```
// 讓函式與資料狀態解耦
const fetchCurrentWeather = () => {
  return 'currentWeatherData';
};

const fetchWeatherForecast = () => {
  return 'weatherForecast';
};

const App = () => {
  const [weatherElement, setWeatherElement] = useState();

  // 把需要更新資料狀態的方法統一在一個函式中管理
  const fetchData = () => {
```

```
  const currentWeather = fetchCurrentWeather();
  const weatherForecast = fetchWeatherForecast();
  setWeatherElement(/* ... */);
};

useEffect(() => {
  fetchData();
}, []);

return <button onClick={fetchData}>API 拉取資料 </button>;
};
```

我們只需要將更新資料狀態的方法統一在一個函式（fetchData）中管理即可，至於這個 fetchData 是應該要定義在 useEffect 內或外，則又回到前面提到的兩個情況，如果 fetchData 只會在 useEffect 中被使用，而沒有共用的情況，那可以直接在 useEffect 內定義該函式並呼叫即可；但若該函式可能會在不同地方被呼叫，則需要把該函式拉到 useEffect 外加以定義。

換你了！ 建立可以在 useEffect 中被共用的函式

在這個單元中我們整理了 React Hooks 中定義函式適當的位置，並且說明了 useCallback 這個 Hooks，useCallback 雖然多半的情況下，用與不用的差異不會太大，但這個單元中剛好是個可以實際使用它的機會，就請讀者試試看吧。

現在請你建立一個可以同時在 useEffect 與 onClick 中共同使用的 fetchData 函式，讓重新整理的按鈕恢復它原有的功能。你可以參考這樣的流程：

- 將 useCallback 方法從 react 套件 import 進來
- 將 fetchData 拉到 useEffect 外

- 使用 **useCallback** 以確保 **fetchData** 不會因為元件重新轉譯而變成新的，記得要帶入 **useCallback** 的 dependencies 陣列
- 在 **useEffect** 內（初次載入頁面）與點擊重新整理按鈕時呼叫 **fetchData**
- 把 **fetchData** 放到 **useEffect** 的 dependencies array 中

本單元相關之網頁連結、完整程式碼與程式碼變更部分可於 **create-function-with-use-callback** 分支檢視：

https://github.com/pjchender/learn-react-from-hook-realtime-weather-app/tree/create-function-with-use-callback

進階資料處理與客製化
React Hooks

6-1 將天氣代碼轉換為天氣圖示

本單元對應的專案分支為：`weather-code-to-weather-type`。

單元核心

這個單元的主要目標包含：

- 建立並使用天氣圖示的元件
- 了解如何從天氣代碼轉換為天氣型態，再從天氣型態轉換為天氣圖示的邏輯

在這個單元中我們要來為天氣圖示的呈現做準備，由於中央氣象局回傳的資料中，只給我們天氣代碼，剩下的部分需要自己根據中央氣象局的文件來判斷該代碼屬於哪一類的天氣型態，是晴天、陰天、起霧、還是雨天等等。因此，這裡會需要先把 API 回傳的天氣代碼，透過程式的邏輯判斷轉換為對應的天氣圖示。

實際上天氣圖示的建立並不困難，但因為圖示很多而有些繁瑣，程式碼片段多放在本單元 Github 上的說明頁面，建議讀者可以搭配網頁上的說明來檢視本單元內容。

建立並使用 WeatherIcon 元件

有很多不同的天氣型態需要判斷並對應到不同的天氣圖示，如果把這些判斷邏輯都寫在 `<App />` 元件中會顯得有些雜亂，所以我們要把天氣圖示的呈現拆成另一個 React 元件。還記得 React 元件要怎麼拆分嗎？

1. 在 src 資料夾中，新增一個名為 components 的資料夾
2. 在 components 資料夾中，新增 WeatherIcon.js

接著把原本在 App.js 中 `<DayCloudy />` 的部分拆到 Weather 這個元件中。

WeatherIcon 元件

這裡有三個地方需要稍微留意一下：

1. 原本 App 元件的檔案位置是 `./src/App.js`，但現在的元件是放在 `./src/components/WeatherIcon.js`，因此如果現在要匯入同一張 SVG 檔時，要記得多往外跳一層資料夾，才能載到原本的圖片，也就是從原本的 `'./images/day-cloudy.svg'`，改成 `'./../images/day-cloudy.svg'`

2. 原本是直接對 SVG icon 透過 emotion 來調整樣式 `const DayCloudy = styled(DayCloudyIcon)`，這裡單純為了美觀，在外面多包一層 `div`，變成 `const IconContainer = styled.div`

3. 透過 `max-height` 限制 SVG 的最大高度為 `110px`

```
// ./src/components/WeatherIcon.js
import styled from '@emotion/styled';
// STEP 1：留意載入 SVG 圖檔的路徑
```

```
import { ReactComponent as DayCloudyIcon } from './../images/day-
cloudy.svg';

// STEP 2：外圍先包一層 div
const IconContainer = styled.div`
  flex-basis: 30%;

  /* STEP 3：為 SVG 限制高度 */
  svg {
     max-height: 110px;
    }
`;

const WeatherIcon = () => {
  return (
    <IconContainer>
      <DayCloudyIcon />
    </IconContainer>
  )
}

export default WeatherIcon;
```

兩者變更的對照圖如下：

App 元件

回到 **App.js** 中,現在需要把剛剛完成的 **WeatherIcon** 給載入進來:

```
// ./src/App.js
// STEP 1:匯入 WeatherIcon 元件
import WeatherIcon from './components/WeatherIcon';

const App = () => {
  // ...
  return (
    {/* ... */}
    <CurrentWeather>
      {/* STEP 2:使用 WeatherIcon 元件 */}
      <WeatherIcon />
    </CurrentWeather>
    {/* ... */}
  );
};
```

如此就把 **<WeatherIcon />** 拆成一個獨立的元件了,畫面也不會有任何變動。

定義天氣代碼要對應到的天氣圖示

從中央氣象局 API 透過 **fetchWeatherForecast** 取回的天氣預報資料中,在天氣現象(**Wx**)的資料中也包含了天氣代碼(**weatherCode**)在內,接下來需要在 **<WeatherIcon />** 中去判斷不同的天氣類型需要顯示什麼樣的天氣圖示。

載入所有天氣圖示

在一開始建立專案的時候就已經把所有的天氣圖示下載並放到 **./src/images** 的資料夾中,所有的天氣圖示一共分成兩類,以 **day-** 作為前綴的是白天用的，以 **night-** 為前綴的則是晚上用的，一共有 14 張和天氣有關的圖示：

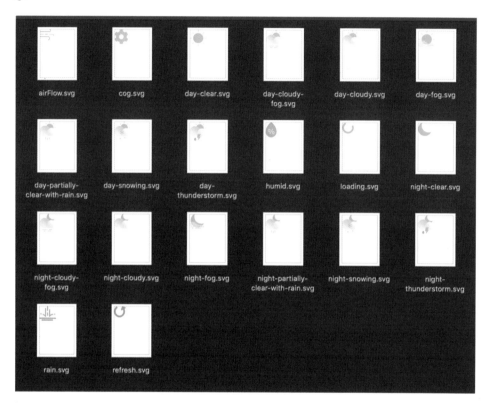

現在，在 **WeatherIcon** 元件中透過 **import** 載入這 14 張天氣圖示，這裡已經把載入各圖示的程式碼寫好（這裡為了命名的一致，把先前命名的 **<DayCloudyIcon />** 改成 **<DayCloudy />**），讀者可以到本單元在 Github 上的說明頁直接將程式碼複製到 **./src/components/WeatherIcon.js** 中：

```
// ./src/components/WeatherIcon.js

import styled from '@emotion/styled';
import { ReactComponent as DayThunderstorm } from './../images/day-thunderstorm.svg';
import { ReactComponent as DayClear } from './../images/day-clear.svg';
```

```
import { ReactComponent as DayCloudyFog } from './../images/day-cloudy-
fog.svg';
import { ReactComponent as DayCloudy } from './../images/day-cloudy.svg';
import { ReactComponent as DayFog } from './../images/day-fog.svg';
import { ReactComponent as DayPartiallyClearWithRain } from './../
images/day-partially-clear-with-rain.svg';
import { ReactComponent as DaySnowing } from './../images/day-snowing.
svg';
import { ReactComponent as NightThunderstorm } from './../images/night-
thunderstorm.svg';
import { ReactComponent as NightClear } from './../images/night-clear.
svg';
import { ReactComponent as NightCloudyFog } from './../images/night-
cloudy-fog.svg';
import { ReactComponent as NightCloudy } from './../images/night-
cloudy.svg';
import { ReactComponent as NightFog } from './../images/night-fog.svg';
import { ReactComponent as NightPartiallyClearWithRain } from './../
images/night-partially-clear-with-rain.svg';
import { ReactComponent as NightSnowing } from './../images/night-
snowing.svg';

// ...
```

> **TIPS**
>
> 這些天氣圖示取自 IconFinder 上 The Weather is Nice Today（https://
> www.iconfinder.com/iconsets/the-weather-is-nice-today）。

定義「天氣代碼」所對應的「天氣型態」

在中央氣象局提供的「預報 XML 產品預報因子欄位中文說明表」這份文件
中，有列出所有天氣代碼對應到的天氣型態，代碼一共有 42 種：

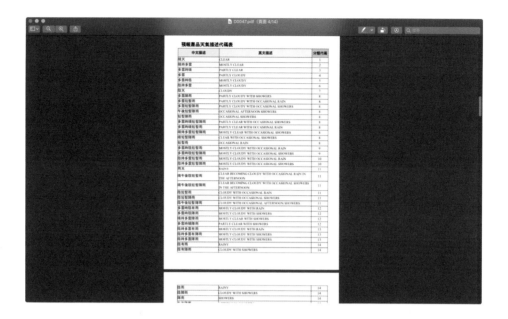

這裡，為了避免資料處理的部分偏離了學習 React 的重點，筆者先將資料進行整理，讀者們可以透過下面的說明，了解整理的流程即可，若想更清楚理解不同天氣代碼是如何對應到天氣型態的部分，讀者可以再參考本單元 Github 上的說明頁。

首先，在 **./src/components/WeatherIcon.js** 中筆者定義了一個名為 **weatherTypes** 的物件（可於 Github 說明頁複製此物件）：

```
// ./src/components/WeatherIcon.js
// ...
const weatherTypes = {
  isThunderstorm: [15, 16, 17, 18, 21, 22, 33, 34, 35, 36, 41],
  isClear: [1],
  isCloudyFog: [25, 26, 27, 28],
  isCloudy: [2, 3, 4, 5, 6, 7],
  isFog: [24],
  isPartiallyClearWithRain: [
    8, 9, 10, 11, 12,
```

```
    13, 14, 19, 20, 29, 30,
    31, 32, 38, 39,
  ],
  isSnowing: [23, 37, 42],
};
```

在這個物件中，右側放的是「天氣代碼（weatherCode）」，左側則是該天氣代碼對應到的「天氣型態（weatherType）」，舉例來說，天氣代碼為 15 時，對應到的是 isThunderstorm，表示該代碼反映的是雷雨的天氣型態；天氣代碼如果是 1 時，對應到的是 isClear，反映的是晴朗的天氣型態：

```
const weatherTypes = {

  isThunderstorm:          [15, 16, 17, 18, 21, 22, 33, 34, 35, 36, 41],
  isClear:                 [1],
  isCloudyFog:             [25, 26, 27, 28],
  isCloudy:                [2, 3, 4, 5, 6, 7],
  isFog:                   [24],
  isPartiallyClearWithRain: [8, 9, 10, 11, 12, 13, 14, 19, 20,
                             29, 30, 31, 32, 38, 39],
  isSnowing:               [23, 37, 42],

}; weatherType                        weatherCode
```

另外，可以留意到，多個天氣代碼都可能反映到同一個天氣型態。如果天氣代碼是屬於 15, 16, 17, 18, ... 這其中一種的話，都屬於雷陣雨（isThunderstorm）。

根據「天氣型態」顯示對應的「天氣圖示」

能夠將「天氣代碼」對應到特定的「天氣型態」後，因為所有的天氣圖示中又有分成白天（day）和晚上（night），所以會再定義一個能夠將「天氣型態」對應到「天氣圖示」的變數，稱作 weatherIcons：

```
const weatherIcons = {
  day: {
    isThunderstorm:    <DayThunderstorm />,
    isClear:           <DayClear />,
    isCloudyFog:       <DayCloudyFog />,
    isCloudy:          <DayCloudy />,
    isFog:             <DayFog />,
    isPartiallyClearWithRain: <DayPartiallyClearWithRain />,
    isSnowing:         <DaySnowing />,
  },
  night: { … }
};   weatherType                        weatherIcon
```

一樣把這個變數放到 **./src/components/WeatherIcon.js** 中（讀者同樣可以在 Github 上的專案說明頁複製此段程式碼）：

```
// ./src/components/WeatherIcon.js
// ..

const weatherTypes = { /* ... */};

const weatherIcons = {
  day: {
    isThunderstorm: <DayThunderstorm />,
    isClear: <DayClear />,
    isCloudyFog: <DayCloudyFog />,
    isCloudy: <DayCloudy />,
    isFog: <DayFog />,
    isPartiallyClearWithRain: <DayPartiallyClearWithRain />,
    isSnowing: <DaySnowing />,
  },
  night: {
    isThunderstorm: <NightThunderstorm />,
    isClear: <NightClear />,
    isCloudyFog: <NightCloudyFog />,
    isCloudy: <NightCloudy />,
```

```
      isFog: <NightFog />,
      isPartiallyClearWithRain: <NightPartiallyClearWithRain />,
      isSnowing: <NightSnowing />,
    },
  };

  // ...
```

天氣代碼、天氣型態與天氣圖示間的對應關係

「天氣代碼（weatherCode）」、「天氣型態（weatherType）」到「天氣圖示
（weatherIcon）」間對應的關係會像這樣：

透過 weatherTypes 和 weatherIcons 這兩個變數，就可以找出某一「天
氣代碼」需要對應顯示哪一張「天氣圖示」。舉例來說，如果從 API 取得
的「天氣代碼」是 1，那麼透過 weatherTypes 這個變數，就可以知道這
個「天氣代碼」對應到的「天氣型態」是屬於「晴天（isClear）」；如果當
時是白天（day），就可以從 weatherIcons 物件中，找到 weatherIcons.
day.isClear 這個天氣圖示來顯示；如果當時是晚上（night），則顯示
weatherIcons.night.isClear 這個圖示。

建立根據天氣代碼找出對應天氣型態的函式

如同上面最後一段的描述，現在會需要一個函式把「天氣代碼轉為天氣型
態」，這裡把這個函式稱作 weatherCode2Type，流程如下：

- 假設從 API 取得的天氣代碼（**weatherCode**）是 **1**
- 使用 **Object.entries** 將 **weatherTypes** 這個物件的 key 和 value 轉成陣列，把 key 取名做 **weatherType**，把 value 取名做 **weatherCodes**
- 針對該陣列使用 **find** 方法來跑迴圈，搭配 **includes** 方法來檢驗 API 回傳的「天氣代碼」，會對應到哪一種「天氣型態」
- 找到的陣列會長像這樣 **['isClear', [1]]**，因此可以透過透過陣列的賦值，取出陣列的第一個元素，並取名為 **weatherType** 後回傳

> **TIPS**
>
> 這裡用到較多處理陣列的方法，包含 Array.prototype.find 和 Array.prototype.includes 等，若對於陣列操作還較不熟悉的話，可以先大概看過。只需知道這裡建立的 weatherCode2Type 函式，可以將「天氣代碼」轉換成「天氣型態」。

```js
const weatherTypes = {/* ... */}

// 使用迴圈來找出該天氣代碼對應到的天氣型態
const weatherCode2Type = (weatherCode) => {
  const [weatherType] =
    Object.entries(weatherTypes).find(([weatherType, weatherCodes]) =>
      weatherCodes.includes(Number(weatherCode))
    ) || [];

  return weatherType;
};

// 假設從 API 取得的天氣代碼是 1
const weatherCode = 1;
console.log(weatherCode2Type(weatherCode)); // isClear
```

在 **weatherCode2Type** 的方法中，當 **weatherCode** 是 1 的時候，我們會知道該天氣型態會是 **isClear**。這個方法的邏輯稍微需要思考一下，如果對於

陣列的處理還不是那麼熟悉的話，可以先大概看過。只需知道這裡建立的 **weatherCode2Type** 函式，可以將「天氣代碼」轉換成「天氣型態」，這部分的程式碼同時也有放在 repl.it 上，讀者也可以在上面測試玩玩看，會對於 weatherCode2Type 這個方法比較理解：

 https://repl.it/@PJCHENder/weatherCode2Type

接下來就只需要判斷使用者操作此 App 時是白天還是晚上，再從 **weatherIcons** 中找出對應的 SVG 圖示。如果是白天，就顯示 **weatherIcons.day.isClear** 這張圖示；晚上的話，就使用 **weatherIcons. night.isClear** 這張天氣圖示。

本單元主要都是在修改 **<WeatherIcon />** 這個元件，這個元件的程式碼最終會像這樣（完整程式碼可於 Github 上對應的分支檢視）：

```
import { ReactComponent as DayClear } from './../images/day-clear.svg';
// ...

const IconContainer = styled.div`/* ... */`;

const weatherTypes = {/* ... */};

const weatherIcons = {/* ... */};

const weatherCode2Type = (weatherCode) => {/* ... */};

const WeatherIcon = () => {
  return (
    <IconContainer>
      <DayCloudy />
```

```
    </IconContainer>
  );
};
```

```
export default WeatherIcon;
```

現在，我們已經可以根據天氣代碼轉換得到天氣型態，在下一個單元中，會根據這個天氣型態，讓 WeatherIcon 元件能顯示出對應的天氣圖示。

換你了！ 把天氣代碼轉換成天氣型態

現在要請你製作能夠產生天氣圖示的 WeatherIcon 元件，並撰寫能夠根據中央氣象局 API 回傳的天氣代碼，轉換為天氣型態與天氣圖示的 weatherCode2Type 的這個方法。你可以參考以下流程：

- 在 ./src/components 中建立 WeatherIcon 元件
- 將原本 App 元件中的 <DayCloudyIcon /> 元件拆到 WeatherIcon 元件內，並作出對應的調整
- 在 App 元件中匯入並使用 <WeatherIcon /> 元件，確認圖示能正常顯示
- 在 WeatherIcon 元件中匯入所有天氣圖示
- 將筆者整理好的變數 weatherTypes 和變數 weatherIcons 放入 ./src/components/WeatherIcon.js 中
- 撰寫能夠將天氣代碼（weatherCode）轉換為天氣型態（weatherType）的函式，並取名為 weatherCode2Type

本單元相關之網頁連結、完整程式碼與程式碼變更部分可於 weather-code-to-weather-type 分支檢視：

https://github.com/pjchender/learn-react-from-hook-realtime-weather-app/tree/weather-code-to-weather-type

6-2 根據天氣代碼顯示天氣圖示 - useMemo 的使用

本單元對應的專案分支為：`prevent-redundant-computation-with-use-memo`。

單元核心

這個單元的主要目標包含：

- 根據天氣代碼顯示對應的天氣圖示
- 了解 `useMemo` 的使用方式與使用時機

在上一個單元中，已經能夠根據天氣代碼轉換為天氣型態，最後再轉換為天氣圖示。在這個單元中要來實作天氣圖示的呈現，也就是讓天氣圖示能夠隨著天氣的不同而有變化，同時也會說明 React Hooks 中 `useMemo` 的使用時機與方式。

將天氣代碼的資料從 App 元件傳入 WeatherIcon

▶ App 元件

由於天氣代碼的資料是在 **App** 元件中取得，**WeatherIcon** 並不知道，因此會透過 props 從 App 元件把資料傳入 WeatherIcon 元件，這裡把這個 props 的名稱取為 `weatherCode`。

因為天氣圖示共分成白天和晚上兩種，這裡我們使用 **moment** 這個變數來判別是白天還是晚上。但目前因為從 API 只能取得「天氣代碼」，還沒有辦法得知當時是白天（day）或晚上（night），因此把 **moment** 先固定為晚上（night），以 props 的方式傳入元件中，而白天晚上的判斷會在後面的單元進行處理。

這裡會在 WeatherIcon 這個元件中透過 props 方式，把 weatherCode 和 moment 程式碼的變動如下：

```
// ./src/App.js
const App = () => {
  // ...

  const {
    // ...
    weatherCode,    // 從 weatherElement 中取出 weatherCode 資料
  } = weatherElement;

  return (
    <ThemeProvider theme={theme[currentTheme]}>
      {/* ... */}
      <CurrentWeather>
        {/* 將 weatherCode 和 moment 以 props 傳入 WeatherIcon */}
        <WeatherIcon weatherCode={weatherCode} moment="night" />
      </CurrentWeather>
      {/* ... */}
    </ThemeProvider>
  );
}
```

▶ WeatherIcon 元件

在 ./src/components/WeatherIcon.js 的 WeatherIcon 元件中，已經可以透過 props 取得 App 元件傳進來的 **weatherCode** 和 moment：

```
// ./src/components/WeatherIcon.js
// ...
const WeatherIcon = ({ weatherCode, moment }) => {
  return /* ... */;
};
```

現在要呈現天氣圖示的方式很簡單，因為我們先前已經定義好了

weatherIcons 這個物件，透過這個物件，只要知道目前是白天或晚上
（moment），接著知道天氣型態（weatherType），就可以得到對應的天氣圖
示（weatherIcon）。所以可以像這樣寫：

```
// ./src/components/WeatherIcon.js
// ...
const weatherIcons = {/* ... */};
const weatherCode2Type = (weatherCode) => {/* ... */};

const WeatherIcon = ({ weatherCode, moment }) => {
  const weatherType = weatherCode2Type(weatherCode);
      // 將天氣代碼轉成天氣型態
  const weatherIcon = weatherIcons[moment][weatherType];
      // 根據天氣型態和 moment 取得對應的圖示

  return <IconContainer>{weatherIcon}</IconContainer>;
};
```

是不是相當簡潔呢？

這時候你應該可以看到畫面上已經出現對應的天氣圖示。

留意 weatherCode 和 moment 的值

目前因為 moment 這個 props 在 App 元件中是先固定寫為 night，所以
WeatherIcon 元件中的 moment 變數也會固定是 night，所以畫面上呈現的
也會是晚上的天氣圖示（月亮），關於白天和晚上的判斷，會在後面的單元
再繼續進行處理。

而 weatherCode 這個 props，會實際上透過 AJAX 的方式從中央氣象局的
API 取得。在這裡由 App 元件傳進來的 weatherCode 在還沒有從 API 拉取
到資料前，會使用 useState 中所定義的預設值，也就是 0，並以 props 的
方式傳入 WeatherIcon 元件中，也就是說一開始時，weatherCode 的值會是
0。

接著，要等到透過 AJAX 取得中央氣象局的資料回應後，App 元件會再把最新的 **weatherCode** 的值透過 props 再次傳入 WeatherIcon 元件中，這時候 WeatherIcon 元件才能取得最新的天氣代碼。

這裡你也可搭配先前安裝的 React DevTools，試著選到 WeatherIcon 元件後，去修改裡面 props 的 **moment** 和 **weatherIcon**，看看天氣圖示會不會有不同的變化，例如，你也可以將 **moment** 的值從 **night** 改成 **day**，應該會看到天氣圖示從「夜晚的月亮」變成「白天的太陽」：

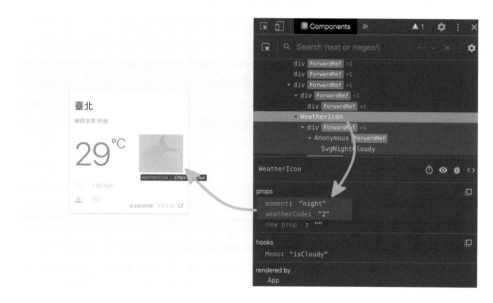

props 更新時子層元件也會更新

看到這裡讀者可能會有些好奇，為什麼這裡沒有使用 **useState** 提供的 **setSomething** 這種寫法，元件仍然會重新轉譯呢？

還記得最早的時候，我們直接改變元件內的變數時，元件的畫面並不會隨著變數改變而更新的情形嗎？那為什麼這裡 weatherCode 改變時，元件會重新更新呢？

這是因為現在 WeatherIcon 這個元件中，雖然沒有其內部的資料狀態（state），但有從父層 App 元件傳進來的 props，而 props 同樣算是在該元件內的資料狀態，只是它是從父層而來的。在 React 中，只要元件的資料狀態有改變，不論是該元件本身的 state 、或者是父層元件傳入的 props，都會觸發該元件重新轉譯。

TIPS

React 可觀測到的資料狀態都可以透過 React Developer Tool 加以檢視，在這裡面你可以看到每個元件內所擁有的 state 和 props。

因此回到 WeatherIcon 元件中，雖然這裡沒有使用 useState，但因為父層 App 元件在透過 AJAX 取得 weatherCode 的值後，會再次透過 props 傳到 WeatherIcon 元件中，props 改變了，就觸發 WeatherIcon 元件重新轉譯。

以 useMemo 提升效能 - 避免不必要的重複運算

在上面的程式碼中，做法並沒有什麼問題，但你會發現只要元件有重新轉譯的情況，例如，只要 weatherCode 或 moment 的資料有變動，或者未來這個元件中有其他 state，只要元件一更新，就需要透過 **weatherCode2Type** 這個方法重新取得 weatherCode。

如果是 weatherCode 改變而重新透過 **weatherCode2Type** 來取得最新的 weatherType 還算合理，但若是 moment 或其他 state 改變導致的畫面更新，明明 weatherCode 沒變，卻還要重新使用 **weatherCode2Type** 取得完全相同的結果，就顯得有些多餘。

這裡 **weatherCode2Type** 運算上不算太複雜，所以重複計算對效能的影響並不太大，但若未來函式需要做更複雜的運算，只要有資料狀態改變，即使變更的資料對計算結果沒有影響卻都需要重新計算的話（例如，變更的不是

weatherCode，卻又重新呼叫 **weatherCode2Type**），會使得效能變差，嚴重時 JavaScript 無法進行其他處理，也就是所謂的阻塞（blocking），將會使得使用者的體驗非常差。

為了解決這個問題，React 提供了 **useMemo** 這個 Hook 來幫助我們提升效能。

useMemo 的基本使用

useMemo 這個 React Hook 和先前單元中提到的 **useCallback** 非常類似，主要目的都是效能優化的方法之一，兩者的差別主要在於 useCallback 回傳的是一個函式，而 **useMemo** 回傳的是一個計算好的值。

現在看一下 useMemo 的寫法：

```
const memoizedValue = useMemo(() => {
  const result = computeExpensiveValue(a, b);
  return result;
}, [a, b]);
```

- 首先可以看到和多數的 React Hooks 一樣，它也有 dependencies array，只要 dependencies array 中的變數沒有任何改變，useMemo 中的函式內容就不會執行。
- useMemo 的參數同樣是一個函式，在這個函式中可以進行一些複雜的運算，例如這裡的 **computeExpensiveValue** 或專案中 **weatherCode2Type** 這類的方法。
- 在 useMemo 函式的最後，只需要把經過複雜運算的「值」回傳出來即可。

現在只要 dependencies array 的變數沒有改變，**useMemo** 內的函式就不會重複執行，而會直接取得上次運算得到的結果，如此來達到效能的提升。

將 **weatherCode2Type** 的運算結果保存下來

回到 WeatherIcon 元件中，我們就可以透過 **useMemo** 這個 React Hook 來把 weatherType 保存下來，只要 weatherCode 沒有改變的情況下，就不需要透過 **weatherCode2Type** 重新運算取得 weatherType。

我們可以這麼做：

1. 從 react 套件中取出 **useMemo** 方法

```
// ./src/components/WeatherIcon.js
import { useMemo } from 'react';
```

2. 透過 **useMemo** 取得並保存 **weatherCode2Type** 計算的結果，回傳的結果一樣取名為 **weatherType**，你可以看到，只要把 **weatherCode2Type** 得到的運算結果作為回傳值即可。

```
// ./src/components/WeatherIcon.js
const WeatherIcon = ({ weatherCode, moment }) => {
  // 使用 useMemo
  const weatherType = useMemo(() => weatherCode2Type(weatherCode));

  const weatherIcon = weatherIcons[moment][weatherType];
  return <IconContainer>{weatherIcon}</IconContainer>;
};
```

3. 最後不要忘了在 **useMemo** 的 dependencies，在陣列中放入 **weatherCode**，當 **weatherCode** 的值有變化的時候，**useMemo** 就會重新計算取值：

```
const WeatherIcon = ({ weatherCode, moment }) => {
  // 記得要使用 useMemo 的 dependencies 陣列
  const weatherType = useMemo(() =>weatherCode2Type(weatherCode),
                      [weatherCode]);

  const weatherIcon = weatherIcons[moment][weatherType];
```

```
  return <IconContainer>{weatherIcon}</IconContainer>;
};
```

現在畫面上的天氣圖示一樣會根據天氣代碼加以改變，而且有了 useMemo，只有在 weatherCode 有改變的情況下，才會重新透過 **weatherCode2Type** 取得新的天氣型態。

useMemo 的目的是用來提升效能

在這個基本的範例中，你可能沒辦法馬上感受到使用 useMemo 的作用，useMemo 和 useCallback 都是作為效能優化的工具之一，這裡使用 **useMemo** 的目的是避免當元件重新轉譯但函式帶入的參數（**weatherCode**）相同時所導致不必要的運算，因為 **weatherCode** 相同的情況下，回傳的 **weatherType** 一定也相同，根本不需要重新再算一次。

和 useCallback 一樣，多數的情況下沒有使用 useMemo 程式依然能夠正確運行，適當的使用這些優化效能的方法，可以幫助程式減少不必要的重複運算，但不適當或多餘的使用卻仍有可能導致效能變差。

換你了！ 練習看看 useMemo 的使用

現在要請你把 **weatherCode** 和 **moment** 的資料透過 props 從 App 元件傳到 WeatherIcon 元件內，接著在 WeatherIcon 元件中搭配 **weatherCode2Type** 的方法，把天氣代碼轉成天氣型態，最後透過 **weatherIcons** 轉成要顯示的天氣圖示。

你可以參考下面的步驟：

- 在 App 元件中將 **weatherCode** 和 **moment** 以 props 傳入 WeatherIcon 元件，**moment** 的值先固定為 **night**

- 在 WeatherIcon 元件取得由 App 元件傳進來的 **weatherCode** 和 **moment** props
- 將取得的 **weatherCode** 透過 **weatherCode2Type** 這個方法轉換為天氣型態 **weatherType**
- 透過 **weatherIcons** 將 **weatherType** 轉換為最終要顯示的天氣圖示 (**weatherIcon**)
- 使用 **useMemo** 這個方法避免不必要的重複運算
- 試著透過 React Developer Tools 修改 **moment** 和 **weatherCode** 的值，檢視天氣圖示的改變

本單元相關之網頁連結、完整程式碼與程式碼變更部分可於 **prevent-redundant-computation-with-use-memo** 分支檢視：

https://github.com/pjchender/learn-react-from-hook-realtime-weather-app/tree/prevent-redundant-computation-with-use-memo

6-3 根據白天或夜晚顯示不同的主題配色

本單元對應的專案分支為：**get-moment-from-sunrise-sunset**。

單元核心

這個單元的主要目標包含：

- 了解判斷當前為白天或夜晚的邏輯
- 根據白天或夜晚來改變亮／暗主題配色

一開始時的天氣圖示就分成了白天和夜晚這兩種，但因為還沒進行白天或夜晚的判斷，所以先前 WeatherIcon 元件的 props 都直接使用 moment="night" 作為預設值帶入。

但既然要根據天亮和天黑來使用不同的天氣圖示，就需要先判斷什麼時候是「天亮」什麼時候是「天黑」。實作上，比較簡單的做法會是自己定個早上六點開始算天亮、晚上六點之後算天黑；或者透過也可以透過第三方 API 的方式來查詢當前時間是屬於白天或晚上。

判斷日出與日落的邏輯

既然要做就做得精準一些，我們就來使用各縣市「日出或日落」的時間作為白天和夜晚判斷的依據。

▶ 取得各縣市日出日落的時間

雖然中央氣象局沒有提供查詢日出日落的 API，但是在「資料主題」的「天文」中，有提供全臺各縣市每天日出日落的資料可以下載。為了避免讀者偏離 React 的學習，而都在進行資料操作，筆者將這份日出日落的資料整理成本專案可以使用的日出日落檔案後直接供讀者使用，若對於實際上日出日落資料的處理有興趣的話，可以在參考本單元 Github 專案分支上的說明文件。

這份整理好的日出日落檔案，在一開始建立專案時就已經請讀者們下載到 ./src 中的 utils 資料夾內，檔案名稱為 sunrise-sunset.json，這份檔案的內容如下：

■ 在外層陣列中，會列出台灣的每一個縣市（locationName）
■ 每一個縣市的 time 屬性中，又會列出每天（dataTime）的日出（sunrise）與日落（sunset）時間。

```
// ./src/utils/sunrise-sunset.json
[
  {
    "locationName": " 臺北市 ",
    "time": [
      {
        "dataTime": "2020-07-04",
        "sunrise": "05:09",
        "sunset": "18:48"
      },
      // ...
    ]
  },
  {
    "locationName": " 新北市 ",
    "time": [
      {
        "dataTime": "2020-07-04",
        "sunrise": "05:09",
        "sunset": "18:48"
      }
    ]
  }
]
```

> **TIPS**
>
> 中央氣象局會持續更新這份日出與日落資料，若該檔案內容已過期，可以
> 下載最新的日出日落檔案進行更新，或參考本單元專案分支在 Github 說
> 明頁所提供的更新方式。

▶ 判斷目前是白天或夜晚

有了台灣各縣市日出日落的資料後，現在要撰寫一個函式來判斷使用者在操
作 App 時的時間是白天還是晚上，我們把這個函式命名為 **getMoment**，這個

函式可以帶入縣市名稱 **locationName** 當作參數，並回傳當前時間是屬於白天（**day**）或晚上（**night**），像是這樣：

```
// ./src/utils/helpers.js

const getMoment = (locationName) => {
  // ...
  return sunriseTimestamp <= nowTimeStamp && nowTimeStamp <=
        sunsetTimestamp
    ? 'day'
    : 'night';
}
```

> **TIPS**
>
> 需要稍微留意一下，getMoment 函式的參數 locationName 使用的是和「天氣預報」一樣的縣市名稱，而非「天氣觀測」使用的局屬氣象站名稱。

由於 **getMoment** 這個函式主要是進行資料處理，和 React 的學習上沒有直接的關係，因此這裡不會對此函式內容做太多說明，要請讀者先到 **./src/utils/** 資料夾中，新增一支名為 **helpers.js** 的檔案，並把下方網址的程式內容，複製貼上到 **src/utils/helpers.js** 中：

https://github.com/pjchender/learn-react-from-hook-realtime-weather-app/blob/get-moment-from-sunrise-sunset/src/utils/helpers.js

把 **getMoment** 函式的內容，複製貼上到 **./src/utils/helpers.js** 這支檔案中：

讀者目前只需要知道透過 getMoment 這個函式，輸入地點（locationName）即可得到當前該地區是屬於白天（day）或夜晚（night），在該檔案中針對各個步驟有附上註解說明，有興趣的朋友們可以再自行檢視資料處理的方式。

現在，有了日出日落的資料以及 **getMoment** 函式後，就可以根據使用者操作此 App 的時間，來判斷當時的時間是屬於白天或晚上。

於元件中取得當前是白天或晚上

上面不論是 sunrise-sunset.json 的產生，或者是 **getMoment** 函式的撰寫，目的都是讓我們能立即取得某一地區現在是屬於白天或晚上。現在我們就直接根據已經寫好的 **getMoment** 方法取得 **moment** 後在元件中使用。

打開 **./src/App.js**：

1. 在最上方的地方透過 **import** 匯入剛剛寫好的 **getMoment** 方法：

```
// ./src/App.js
import { getMoment } from './utils/helpers';
// ...
```

2. getMoment 這個函式只需要帶入 **locationName** 後即會回傳當前是白天（day）或晚上（night）。現在讓我們在 App 元件中試著用用看 **getMoment** 這個方法：

```
// ./src/App.js
import { getMoment } from './utils/helpers';
// ...

const LOCATION_NAME_FORECAST = '臺北市';
const App = () => {
  // ...
  const [weatherElement, setWeatherElement] = useState(/* ... */)
  const moment = getMoment(LOCATION_NAME_FORECAST);
  // ...
}
```

3. 最後把取得的 moment 帶入 App 元件中回傳的 JSX 中，也就是原本 WeatherIcon 的位置：

```
{/* 把 moment 的值改成真是資料 */}
<WeatherIcon weatherCode={weatherCode} moment={moment} />
```

現在回到頁面，你應該會發現，現在天氣圖示已經可以根據地區和日出日落的時間來判斷是白天或夜晚了！

> **TIPS**
>
> 這裡我們仍是把地區寫成常數「臺北市」，在後續的單元中，會再讓使用者調整設定的所在地區。

使用 useMemo 進行效能優化

和上一個單元相同，這裡 getMoment 因為要從許多的資料中去匹配地區和時間，算是比較需要耗費資源的運算，因此同樣的可以用 useMemo 這個 React Hook，只要在 `locationName` 沒有變更的情況下，就不需要重新運算。

現在因為我們還沒實作讓使用者可以自行切換縣市的功能，因次地區會先用常數 `LOCATION_NAME_FORECAST` 的「臺北市」表示，但依然可以先透過 useMemo 來處理這個部分，待後續使用者可以更改 locationName 時再進行 **useMemo** 的 dependencies 陣列去做對應的修改即可：

```
import { useState, useEffect, useCallback, useMemo } from 'react';
import { getMoment } from './utils/helpers';
// ...
// TODO: 等使用者可以修改地區時要修改裡面的參數，先將 dependencies array
   設為空陣列
const moment = useMemo(() => getMoment(LOCATION_NAME_FORECAST), []);
```

> **TIPS**
>
> 這裡因為 LOCATION_NAME_FORECAST 是固定不會變的常數，因此就算把它放到 dependencies 陣列中，也和把它設為空陣列 [] 效果是相同的。因此，這裡先留個 TODO，待後面單元中讓使用者可以自行修改地區時，再來對 dependencies 陣列進行調整。

根據日出日落調整主題配色

還記得在建立「台灣好天氣」UI 畫面的時，已經實作了深色主題，但當時因為沒有額外的資訊，因此預設使用亮色主題（light）。現在既然我們知道使用者現在是白天或晚上，就可以根據這個資訊來判斷要使用亮色或暗色主題。

在一個元件中可以根據需要使用多個 useEffect，不必把所有邏輯都寫一個 **useEffect** 內，比較好的方式是根據程式邏輯或 dependencies 陣列會相異到的變數來建立多個不同的 useEffect。這裡我們新增一個 useEffect 來幫設定主題配色，並且透過 dependencies 陣列的使用，只有當 moment 有改變時，才會再次執行樣式主題的更換：

- 當 moment 是白天（day）時，套用亮色（light）的主題配色
- 當 moment 不是白天（day）時，則套用暗色（dark）的主題配色

```javascript
import { useState, useEffect, useCallback, useMemo } from 'react';
import { getMoment } from './utils/helpers';
// ...

const App = () => {
  // ...
  const moment = useMemo(() => getMoment(LOCATION_NAME_FORECAST), []);

  useEffect(() => {
    // 根據 moment 決定要使用亮色或暗色主題
    setCurrentTheme(moment === 'day' ? 'light' : 'dark');
  }, [moment]); // 記得把 moment 放入 dependencies 中
  // ...
};
```

換你了！ 取得使用者地區是白天或晚上

在這個單元中，我們進行了許多和 React 沒有這麼直接相關的運算，你會發現前端除了畫面與互動外，有很多時間是在處理透過 API 取得的資料。現在要請你利用已經寫好的 **getMoment** 函式，讓天氣圖示能夠根據白天或夜晚來顯示出太陽或月亮，同時還要能夠自動調整對應的主題配色。

你可以參考下面的步驟：

- 在 **./src/utils** 資料夾中，新增一支 helpers.js
- 將本單元於 Github 分支上的 **./src/utils/helpers** 檔案，複製貼上到本機剛建立的 helpers.js 中

- 在 App 元件中透過 `import` 匯入 `getMoment` 這個方法
- 在 `getMoment` 方法中帶入縣市名稱（`locationName`），取得 App 操作時是屬於白天（`day`）或晚上（`night`），並將結果取名為 `moment`
- 將取得的 `moment` 透過 props 傳入 WeatherIcon 元件中
- 使用 useMemo 優化效能，避免不必要的重新運算
- 使用 useEffect 與 `setCurrentTheme` 來讓主題配色能根據當時的 `moment` 來自動切換亮／暗色主題

本單元相關之網頁連結、完整程式碼與程式碼變更部分可於 `get-moment-from-sunrise-sunset` 分支檢視：

https://github.com/pjchender/learn-react-from-hook-realtime-weather-app/tree/get-moment-from-sunrise-sunset

6-4　專案程式碼重構

本單元對應的專案分支為：`create-view-of-weather-card-for-refactoring`。

單元核心

這個單元的主要目標包含：

- 將程式碼進行 React 元件的拆檔與整理，以利後續開發維護

不知道你有沒有發現，雖著專案的功能越來越多，程式碼的量也越來越大，特別針對 `App.js` 這支檔案，你有沒有覺得內容好像多到找個想要改的東西時常常不容易找到呢？

一開始撰寫專案時，為了避免實作時要在不同檔案之間切來切去，容易造成混淆，所以就先把大多數的功能都寫在 **App.js** 中而沒有額外把獨立的函式或元件拆分開來，但這麼做當專案越來越大的時候，如果沒有善用元件拆分和 JavaScript 模組化，會開始變得越來越難維護。

TIPS

有的開發者習慣先把多個功能寫在同一個元件中，待功能都開發完成後再來進行元件的拆分；有些開發者則習慣一開始就把不同畫面或功能的元件拆開來開發。筆者認為要先進行元件拆分，或待功能完成後再進行拆分，端看開發者個人習慣。

重構（refactoring）的意思通常是指在不改變原本功能的情況下，把程式碼改成用更容易維護、更容易理解、或更精簡的方式來改寫。現在可以先把和在 App 元件中，與 `<WeatherCard>` 有關的功能進行檔案的拆分。

在這個單元中我們就來進行專案程式碼的重構，透過元件的拆分之外，讓程式碼看起來更易讀與好維護吧！

建立 WeatherCard 元件

先在 **./src** 資料夾內新增名為 **views** 的資料夾，並在裡面建立一支名為 **WeatherCard.js** 的檔案，放入起手勢的程式碼：

```
// ./src/views/WeatherCard.js

const WeatherCard = () => {
  return /* ... */;
}

export default WeatherCard;
```

通常和一整個頁面有關的內容會放在 **views** 的資料夾，現在雖然只有 WeatherCard 這個頁面，但後續我們還會實作設定頁面。

接著把原本放在 WeatherApp 內 `<WeatherCard>...</WeatherCard>` 的部分都複製到 WeatherCard.js 的元件中：

需要稍微留意一下的是，原本在 App 元件中，WeatherCard 區塊最外層的名稱是 `<WeatherCard>`，但現在因為元件的名稱就已經是 WeatherCard（`const WeatherCard = () => {/*...*/}`），因此在 WeatherCard.js 中，我們把原本最外層的 `<WeatherCard>` 改名為 `<WeatherCardWrapper>`。

搬移和 WeatherCard 有關的變數與樣式

接下來，把當初定義在 **App.js** 中和 WeatherCard 元件有關的 Styled Components 也一起搬進來 WeatherCard.js 中：

1. 在 WeatherCard 元件中一樣要先匯入 emotion 和 days

```
// ./src/views/WeatherCard.js
// ...
```

```
import styled from '@emotion/styled';
import dayjs from 'dayjs';
```

2. 在 App 元件中，除了最外層的 `<Container>` 之外，其他都是和 WeatherCard 有關的 styled components，全部搬進 WeatherCard.js 中。這裡要記得把原本名為 `WeatherCard` 的 styled components 改名為 `WeatherCardWrapper`。

3. 接著搬移有用到的元件和圖示，包含：

```
// ./src/views/WeatherCard.js
// ...
import WeatherIcon from './../components/WeatherIcon.js';
import { ReactComponent as AirFlowIcon } from './../images/airFlow.svg';
import { ReactComponent as RainIcon } from './../images/rain.svg';
import { ReactComponent as RefreshIcon } from './../images/refresh.svg';
import { ReactComponent as LoadingIcon } from './../images/loading.svg';
```

4. 在 App 元件中匯入並使用 WeatherCard 元件：

```
import WeatherCard from './views/WeatherCard';

const App = () => {
  // ...
  return (
    <ThemeProvider theme={theme[currentTheme]}>
      <Container>
        <WeatherCard />
      </Container>
    </ThemeProvider>
  );
};
```

5. 將 WeatherCard 需要的資料，透過 props 從 App 元件傳入，其中包含：

■ 資料：「天氣資料（`weatherElement`）」以及「白天或晚上（`moment`）」

■ 函式：因為在 WeatherCard 中的重新整理需要呼叫 fetchData 這個方法，所以也需要一併透過 props 傳入

```javascript
// ./src/App.js

const App = () => {
  // ...
  return (
    // ...
    <WeatherCard
      weatherElement={weatherElement}
      moment={moment}
      fetchData={fetchData}
    />
    // ...
  );
};
```

> **TIPS**
>
> 透過 props 不只可以傳遞「字串」、「物件」、「陣列」、「數值」這類資料，也可以直接把「函式」傳進去。

6. 接著在 WeatherCard 中取出傳入的 props，並以解構賦值的方式將變數取出：

```javascript
// ./src/views/WeatherCard.js
const WeatherCard = ({
  weatherElement,
  moment,
  fetchData
}) => {
  const {
    observationTime, locationName, temperature,
    windSpeed, description, weatherCode,
```

```
    rainPossibility, comfortability, isLoading,
  } = weatherElement;
  // ...
}
```

到這一步的時候，總算搬移完成，透過 `npm start` 將專案啟動後，可以看到畫面又再次恢復正常了：

移除 App 元件中多餘的程式碼

最後在 App 元件中，因為很多變數都已經移到 WeatherCard 元件中，因此很多變數在 App 元件中是用不到的，如果你在 VSCode 有安裝 ESLint 這個套件的話，程式編輯器會透過底線或顏色來提示哪些變數是多餘的，可以依建議移除即可。

換你了！ 將 WeatherCard 獨立成一個元件

透過重構和元件的拆分，這裡我們把拉取資料和處理資料的邏輯保留在 App 元件中，把資料的呈現搬移到了 WeatherCard 元件中，將邏輯處理和畫面呈現加以區隔開來。現在你可以參考下面的步驟來嘗試看看：

- 在 `./src/views` 中建立 **WeatherCard** 元件

- 在 WeatherCard 中匯入所需的第三方套件

- 將 App 元件中 JSX 內的 `<WeatherCard />` 區塊搬移到 WeatherCard 元件內

- 搬移和 WeatherCard 有關的 Styled Components（在 App 元件中除了 `<Container />` 外，其他的 styled components 都需搬移）

- 搬移和 WeatherCard 有關的圖示

- 把原本最外層的 `<WeatherCard>` 改名為 `<WeatherCardWrapper>`

- 在 App 元件中匯入並使用 WeatherCard 元件

- 透過 props 將 WeatherCard 所需的資料或方法由 App 元件中傳入，並於 WeatherCard 中取出使用

- 移除 App 元件中多餘的程式碼

本單元相關之網頁連結、完整程式碼與程式碼變更部分可於 **create-view-of-weather-card-for-refactoring** 分支檢視：

https://github.com/pjchender/learn-react-from-hook-realtime-weather-app/tree/create-view-of-weather-card-for-refactoring

6-5　建立自己的鉤子 - Custom Hooks

本單元對應的專案分支為：`custom-hooks`。

單元核心

這個單元的主要目標包含：

- 了解如何將重複的邏輯整理成自己可使用的 Hooks

延續上一個單元專案程式碼的重構，現在重構後的 `App.js` 中，雖然已經比起原本的程式碼乾淨許多，基本上只做了拉取資料的動作，但因為 `fetchCurrentWeather` 和 `fetchWeatherForecast` 本身也做了不少事情，取得資料之後又要透過 `setWeatherElement` 把資料存到 React 元件中，我們有沒有什麼方式讓這個元件再更乾淨一些呢？

答案是肯定的，在 React 中，我們不只能夠使用 React 預先定義好的 Hooks，像是之前使用的 `useState`、`useEffect`、`useMemo` 這些，還可以自己自訂 Hook。自訂的 Hook 可以幫我們把較複雜的程式邏輯抽到 Hook 內，並且可以在多個元件內重複使用外，甚至也可以打包起來放到開源社群分享給有同樣需求的人使用。

現在就讓我們來看看怎麼樣定義自己的 Hook 吧！

▶ Custom Hook 的概念

自訂 Hook（Custom Hook）的概念其實很簡單，它和你之前寫的 React Component 基本上是一樣的，都是 JavaScript 的函式，而且在 Custom Hook 中一樣可以使用 `useState`、`useEffect` 這些原本 React 就有提供的 Hooks，只是在 React Component 中最後你會回傳的是 JSX，而在 Hook 中最後回傳的是一些資料或改變資料的方法。此外在自訂的 Hook 中，會遵循 React Hooks 的慣例，因此會使用 `use` 開頭來為該函式命名。

所以基本上你會建立 React Component 的話，就會自訂 Hook。另外，自訂的 Hook 一樣要遵守原本 React Hooks 的原則，像是 Hook 只能在 React 的 Functional Component 中使用（過去 React Component 除了函式之外，也可以用 `class` 建立）、Hook 不能放在迴圈或 `if` 判斷式內等等。

▶ 新增 useWeatherAPI 的 Hook

現在就讓我們來建立一個名為 `useWeatherAPI` 的 Hook，在這個 Hook 中會幫助我們去向中央氣象局發送 API 請求，並且回傳取得的資料。

先在 **./src** 資料夾中建立一個名為 **hooks** 資料夾,並新增一支名為 **useWeatherAPI.js** 的檔案,在裡面定義一個名為 **useWeatherAPI** 的函式,並透過 **export** 匯出:

其實和建立 React Component 的步驟一樣吧!

▶ 定義 Custom Hook 內的功能

接下來在 **useWeatherAPI** 這個函式中,就可以來向中央氣象局發送 API 請求天氣資料,這個部分因為先前都寫在 **App.js** 中了,因此把這個部分剪下貼上就好。

先把在 **App.js** 中定義的 **fetchCurrentWeather**、**fetchWeatherForecast** 這兩個函式剪下,貼到 **useWeatherAPI.js** 中:

```
// ./src/hooks/useWeatherAPI.js
const fetchCurrentWeather = () => {/* ... */};

const fetchWeatherForecast = () => {/* ... */};

const useWeatherAPI = () => {};

export default useWeatherAPI;
```

接著把原本寫在 **App** 元件中和拉取天氣資料有關的部分搬到這個 **useWeatherAPI** 這個 Hook 內，其中包含：

1. 匯入 react 套件提供的 **useState, useEffect, useCallback** 方法。在 Custom Hooks 中因為最後不會回傳 JSX，因此不需要匯入 react 套件提供的 React 物件：

```
// ./src/hooks/useWeatherAPI.js
import { useState, useEffect, useCallback } from 'react';
```

2. **useState** 中用來定義 **weatherElement** 的部分

```
// ./src/hooks/useWeatherAPI.js
const useWeatherAPI = () => {
  // STEP 2：useState 中用來定義 weatherElement 的部分
  const [weatherElement, setWeatherElement] = useState({/* ... */});
}
```

3. 透過 **useCallback** 用來定義 **fetchData()** 的部分

```
// ./src/hooks/useWeatherAPI.js
const useWeatherAPI = () => {
  const [weatherElement, setWeatherElement] = useState({/* ... */});

  // STEP 3：透過 useCallback 用來定義 fetchData() 的部分
  const fetchData = useCallback(async () => {/* ... */}, []);
};
```

4. 透過 `useEffect` 用來呼叫 `fetchData` 的部分

```
const useWeatherAPI = () => {
  const [weatherElement, setWeatherElement] = useState({/* ... */});
  const fetchData = useCallback(async () => {/* ... */}, []);

  // STEP 4：透過 useEffect 用來呼叫 fetchData 的部分
  useEffect(() => { fetchData() }, [fetchData]);
};
```

5. 最後一個步驟是和一般 React 元件最不同的地方，一般的 React 元件最終通常都是回傳 JSX，但在 Custom Hooks 中最後會 `return` 的是可以讓其他 React 元件使用的資料或方法。這就像當我們呼叫 `useState` 是會得到一個資料狀態和用來改變資料狀態的方法。所以這裡我們會回傳用來拉取資料的方法（`fetchData`）和拉取資料後取得的天氣資料（`weatherElement`）

```
const useWeatherAPI = () => {
  const [weatherElement, setWeatherElement] = useState({/* ... */});
  const fetchData = useCallback(async () => {/* ... */}, []);
  useEffect(() => { fetchData() }, [fetchData]);

  // STEP 5：回傳要讓其他元件使用的資料或方法
  return [weatherElement, fetchData];
};
```

現在我們就定義好了 `useWeatherAPI` 這個 Custom Hook。

▶ 讓 Custom Hook 可以接收參數

Custom Hook 本質上也是個函式，所以它也可透過參數的方式取得資料。現在在 `useWeatherAPI` 中，我們還缺少幾個資料，像是 `AUTHORIZATION_KEY`、`LOCATION_NAME` 和 `LOCATION_NAME_FORECAST`，這些資料原本是放在 App 元件中，為了要讓 `useWeatherAPI` 也能取得這些資料，可以透過函式的參數把資料帶進來：

```
const useWeatherAPI = ({ locationName, cityName, authorizationKey }) =>
{/* ... */}
```

這裡可以看到用來取得即時天氣的 API（fetchCurrentWeather）需要帶入的是地區（即，臺北）；用來取得天氣預報的 API（fetchWeatherForecast）需要帶入的是縣市名稱（即，臺北市），之所以會有這樣的差別，主要是因為中央氣象局在這兩道 API 需要的資料不同。為了讓變數的語意更清楚，我們把 LOCATION_NAME_FORECAST 改名為 cityName。

現在進一步把這個變數帶入 fetchCurrentWeather 和 fetchWeatherForecast 中：

```
// ./src/hooks/useWeatherAPI.js
const fetchCurrentWeather = ({ authorizationKey, locationName }) => {
  return fetch(
    `https://opendata.cwb.gov.tw/api/v1/rest/datastore/O-A0003-001?
      Authorization=${authorizationKey}&
      locationName=${locationName}`
  )
    .then(/* ... */);
};

const fetchWeatherForecast = ({ authorizationKey, cityName }) => {
  return fetch(
    `https://opendata.cwb.gov.tw/api/v1/rest/datastore/F-C0032-001?
      Authorization=${authorizationKey}&
      locationName=${cityName}`
  )
    .then(/* ... */);
};
```

接著在 useWeatherAPI 的函式中，一樣透過參數把資料帶入這兩個方法：

1. 把 `authorizationKey`, `locationName`, `cityName` 傳到拉取 API 的方法中
2. 在 `useCallback` 中要記得把變數放入 dependencies array 中，以確保這些
   資料改變時，能夠得到最新的 `fetchData` 方法

```javascript
const useWeatherAPI = ({ locationName, cityName, authorizationKey }) => {
  const [weatherElement, setWeatherElement] = useState({/* ... */});

  const fetchData = useCallback(async () => {
    // ...
    const [currentWeather, weatherForecast] = await Promise.all([
      // STEP 1：把 authorizationKey, locationName, cityName 傳到拉取
      //   API 的方法中
      fetchCurrentWeather({ authorizationKey, locationName }),
      fetchWeatherForecast({ authorizationKey, cityName }),
    ]);
    // ...
    // STEP 2：在 useCallback 中要記得把變數放入 dependencies array 中
  }, [authorizationKey, cityName, locationName]);
  // ...
};
```

使用 Custom Hook

當我們把拉取天氣資料的這一整個流程包成 Custom Hook 之後，在需要使
用到天氣資料的 React 元件中，都可以透過它就可以取得中央氣象局回傳的
資料。

使用方式非常簡單，就和使用其他的 React Hooks 一樣，現在就讓我們在
`App.js` 中來使用 `useWeatherAPI`：

1. 透過 `import` 載入 `useWeatherAPI` 這個 Custom Hook
2. 直接呼叫 `useWeatherAPI` 後就能取得該 Hook 回傳的 `weatherElement`
   和 `fetchData` 方法

3. 在呼叫 useWeatherAPI() 中，把它所需的參數 locationName, cityName, authorizationKey 放進去

4. 整個使用方式是不是就和 useState 非常類似呢？

```js
// ./src/App.js
// STEP 1 匯入 useWeatherAPI
import useWeatherAPI from './hooks/useWeatherAPI';
// ...
const App = () => {
  // STEP 2：使用 useWeatherAPI
  const [weatherElement, fetchData] = useWeatherAPI({
    locationName: LOCATION_NAME,
    cityName: LOCATION_NAME_FORECAST,
    authorizationKey: AUTHORIZATION_KEY,
  });
  // ...
}
```

當嘟～畫面又回來拉～

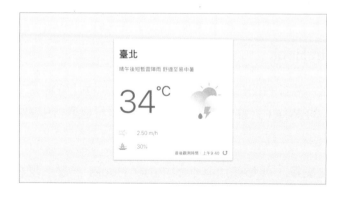

基本上 Custom Hook 的定義和使用都不難，如果你會撰寫 React 中的 Functional Component，就一定會撰寫 Custom Hook。透過 Custom Hook 可以幫助開發者將具有相同邏輯的功能統整在一個 Hook 中，方便重複使用這個函式的功用！

在這兩個單元中一口氣重構了不少程式碼,目的都是為了讓整個專案後續更容易維護,至於要怎麼判斷好不好維護,最簡單的方式是:「不求別人接手看得懂,只求自己一個月後打開程式還改得動」,如果現在寫的東西未來一個月後自己都看不懂的話,那肯定是不太好維護。

換你了！ 建立自己的 Hook

Custom Hooks 在撰寫時要寫的是這個 Hook 帶入什麼樣的 input 後,將可以得到什麼樣的 output,與一般函式的思路蠻相近的。

現在要請你將與中央氣象局拉取資料有關的 API 拆分成一個獨立的 React Hook,想要使用這個 Hook 的人,只需要帶入 **locationName, cityName, authorizationKey** 之後,就可以取得對應的天氣資料。由於重構時程式碼的變動可能比較複雜,需要的時候都可以對應最下方的連結查看。實作時可以參考以下步驟:

- 在 ./src 資料夾中,建立名為 hooks 的資料夾,並在裡面新增 useWeatherAPI.js,在檔案中建立一個名為 useWeatherAPI 的函式
- 把在 App.js 中定義的 fetchCurrentWeather、fetchWeatherForecast 這兩個函式剪下,貼到 useWeatherAPI.js 中
- 在 useWeatherAPI.js 中匯入 react 套件提供的 useState, useEffect, useCallback 方法
- 把原本寫在 App 元件中和拉取天氣資料有關的部分可以搬到這個 useWeatherAPI 這個 Hook 內,其中包含 useState 中用來定義 weatherElement 的部分、透過 useCallback 用來定義 fetchData() 的部分、透過 useEffect 用來呼叫 fetchData 的部分
- 把需要在 App 元件中使用到的函式和方法於 useWeatherAPI 回傳
- 讓 useWeatherAPI 可以接收參數(locationName, cityName, authorizationKey)

■ 在 App 元件中使用 useWeatherAPI 這個 Custom Hook

本單元相關之網頁連結、完整程式碼與程式碼變更部分可於 `custom-hooks` 分支檢視：

https://github.com/pjchender/learn-react-from-hook-realtime-weather-app/tree/custom-hooks

表單處理與頁面間的切換

7-1 處理不同支 API 需帶入不同地區名稱的問題

本單元對應的專案分支為：`create-available-locations-data`。

單元核心

這個單元的主要目標包含：

- 建立各 API 所需使用的 locationName 對應表
- 撰寫`findLocation`函式，以取得拉取 API 資料時所需使用的 locationName

現在「台灣好天氣」雖然功能看似一切正常了，但使用者並沒有辦法自由選擇想要切換的地區，因此勢必需要多一個設定頁面，讓使用者可以在「天氣資訊頁」和「設定頁」間來回切換：

在這個章節中將會練習：

1. 透過條件轉譯的方式來達到「切換頁面」的效果
2. 了解表單（form）在 React 中的兩種不同使用方式（controlled vs uncontrolled）
3. useRef 這個 React Hooks 的使用
4. 瀏覽器 localStorage 的使用

讓我們依序看下去。

不同支 API 需要帶入的地區名稱不同

但在開始實作這個設定頁面前,需要先來處理之前一直提到的問題－「天氣觀測」和「天氣預報」這兩支 API 需要帶入的地區名稱不同(`locationName`)。

也就是說,同樣想拉取「臺北市」的天氣資料時,在「天氣預報 API」的 locationName 需要帶入「臺北市」,但在「天氣觀測 API」中需要帶入的是「臺北」。

這也就是為什麼目前在 `App.js` 中,雖然同樣是要搜尋「臺北市」的資料,但卻分別訂了 LOCATION_NAME(臺北)和 LOCATION_NAME_FORECAST(臺北市)這兩個常數:

```
// ./src/App.js
// ...

const LOCATION_NAME = '臺北';
const LOCATION_NAME_FORECAST = '臺北市';

const App = () => {/* ... */};
```

另外,一個縣市內也會有許多不同的局屬氣象站,但因為目前「台灣好天氣」的設計上,只會讓使用者選擇一個縣市,而不會再細分各縣市內的區域,因此我們只能選擇一個最具代表性的局屬氣象站來代表該縣市。舉例來說,雖然使用者選擇「苗栗縣」,但因苗栗縣有許多不同鄉鎮區,這裡我們在資料呈現時只會挑其中一個鄉鎮的資料來呈現。

建立不同 API 的地區名稱對應表

和前幾個單元中會特別整理「日出日落」和「天氣型態對應圖示」的資料一樣，這裡我們同樣需要整理出一張對應表，用來處理不同支 API 所需的不同的地區名稱來進行查詢，這裡我們先定義一個名為 availableLocations 的物件，把所有可查詢到的地區都放在內，其中：

- cityName 指的是縣市的名稱，可以對應到「天氣預報」的地區名稱
- locationName 指的是觀測站所在地區，可以對應到「天氣觀測」的地區名稱
- sunriseCityName 則是對應到「日落日出時間」的地區名稱

```
// 完整的程式碼放置於該單元的 Github 分支說明頁
const availableLocations = [
  {
    cityName: '宜蘭縣',
    locationName: '宜蘭',
    sunriseCityName: '宜蘭縣',
  },
  {
    cityName: '嘉義市',
    locationName: '嘉義',
    sunriseCityName: '嘉義市',
  },
  // ...
]
```

讀者可以到本單元在 Github 上對應的分支（**create-available-locations-data**）說明頁複製完整的程式碼：

https://github.com/pjchender/learn-react-from-hook-realtime-weather-app/tree/create-available-locations-data

並把 availableLocations 物件，複製貼上到 ./src/utils/helpers.js
檔案中。這裡透過 export 可以把 availableLocations 匯出，讓其他支
JavaScript 檔案可以透過 import 載入此變數：

```
JS helpers.js ×
src > utils > JS helpers.js > [∅] availableLocations
    1      import sunriseAndSunsetData from './sunrise-sunset.json';
    2
    3  >  export const getMoment = (locationName) ⇒ {···
   38      };
   39
   40  ∨  export const availableLocations = [
   41  ∨    {
   42          cityName: '宜蘭縣',
   43          locationName: '宜蘭',
   44          sunriseCityName: '宜蘭縣',
   45        },
   46  ∨    {
   47          cityName: '嘉義市',
   48          locationName: '嘉義',
   49          sunriseCityName: '嘉義市',
   50        },
   51  ∨    {
   52          cityName: '屏東縣',
   53          locationName: '恆春',
   54          sunriseCityName: '屏東縣',
   55        },
   56  >    {···
   60        },
   61  >    {···
   65        },
```

▶ 補充

- 中央氣象局另外還有提供「自動氣象站 - 氣象觀測資料」的觀測資料，
  可以拿到更精細的地區天氣資訊，但涉及更複雜的資料處理，並非本書
  著墨的重點，因此有興趣的讀者未來可以自行取用。

- 目前「天氣預測」和「日出日落」使用的 locationName 值是一樣
  的，但因為過去曾有不同的情況，因此這裡還是分成 cityName 和
  sunriseCityName 兩個不同欄位。

建立取得地區名稱的函式

接著前面單元中定義的 **getMoment** 函式很類似，之前這個函式是讓使用者傳入 `locationName` 參數時，可以回傳當前的時間是屬於白天或晚上。

在之後的設定頁面中，主要會顯示「縣市」的列表讓使用者選擇，為了幫助我們可以從使用者選擇的「縣市名稱」中快速找到該地區在各個 API 所對應需要帶入的 `locationName`，因此同樣需要定義一個函式來處理這件事。

在 `./src/utils/helpers.js` 的檔案中，定義一個名為 **findLocation** 的函式，這個函式的參數只需帶入縣市名稱（**cityName**），就可以找出在 **availableLocations** 中對應物件後回傳：

```js
// ./src/utils/helpers.js
// ...
export const availableLocations = [/* ... */];

export const findLocation = (cityName) => {
  return availableLocations.find(location => location.cityName ===
       cityName);
};
```

現在假設使用者選擇的是「嘉義市」時，透過 **findLocation** 函式，就可以找到各個 API 需要對應帶入的 **locationName** 為何：

```js
const currentLocation = findLocation('嘉義市');

// currentLocation 會得到
// {
//   cityName: '嘉義市',
//   locationName: '嘉義',
//   sunriseCityName: '嘉義市',
// };
```

換你了！ 建立地區名稱對應表

這個單元主要是為了處理不同支 API 需要使用的 locationName 不同，因此建立了一個 availableLocations 的物件，從中可以查詢不同 API 需要帶入的 locationName。另外，建立了一個名為 findLocation 方法，方便後續可以快速從 availableLocations 中找出需要的地區名稱。

現在要請你：

- 到本單元 Github 的分支說明頁，複製 availableLocations 陣列
- 將 availableLocation 貼上到 ./src/utils/helpers 中
- 新增 findLocation 這個方法，可以接收參數 cityName，並回傳 availableLocations 對應地區的物件。

本單元相關之網頁連結、完整程式碼與程式碼變更部分可於 create-available-locations-data 分支檢視：

https://github.com/pjchender/learn-react-from-hook-realtime-weather-app/tree/create-available-locations-data

7-2 新增地區設定頁面

本單元對應的專案分支為：create-weather-setting-page。

單元核心

這個單元的主要目標包含：

- 新增地區設定的頁面

在這個單元中，我們會新增一個頁面來讓使用者調整所在地區。

建立天氣設定頁面：新增 WeatherSetting.js

現在我們要來建立一個簡單的設定頁面如下圖，順便可以複習一下 Styled Components 的 使 用。 首 先 在 `./src/views` 資 料 夾 中 新 增 一 支 名 為 `WeatherSetting.js` 的檔案：

建立 Styled Components

由 於 CSS 樣式部分並不是本書著墨的重點，因此讀者只需在本單元在 Github 上對應的分支（`create-weather-setting-page`）説明頁，將預先撰寫好的 Styled Components，複製貼上到 `./src/views/WeatherSetting.js`：

https://github.com/pjchender/learn-react-from-hook-realtime-weather-app/tree/create-weather-setting-page

撰寫 JSX

接下來把這些撰寫好的 Styled Components 帶入 JSX 中使用：

```
// ./src/views/WeatherSetting.js
// ...

// Styled Components ...

const WeatherSetting = () => {
  return (
    <WeatherSettingWrapper>
      <Title> 設定 </Title>
      <StyledLabel htmlFor="location"> 地區 </StyledLabel>

      <StyledSelect id="location" name="location">
        {/* 定義可以選擇的地區選項 */}
      </StyledSelect>

      <ButtonGroup>
        <Back> 返回 </Back>
        <Save> 儲存 </Save>
      </ButtonGroup>
    </WeatherSettingWrapper>
  );
};
```

這是一個相當簡單的設定頁面，比較需要留意的地方是：

1. 在 HTML 的 `<label>` 中，使用的是 **for** 屬性，而在 React JSX 中，為了避免和 JavaScript 的 **for** 關鍵字衝突，因此會使用 `htmlFor`，例如，`<label htmlFor="location">`

2. 在 Input 中使用的是 HTML 的 Select 元素，透過下拉式選單的方式，讓使用者選擇所在的地區

在 Select 中使用迴圈來產生地區選項

還記得在本書前幾個章節中曾經有說明過如何在 JSX 中使用迴圈嗎？現在我們一樣要透過迴圈的方式在 `<Select />` 中帶入可以讓使用者選擇的地區選項，具體來說，可以使用我們在上一個單元中在 `./src/utils/helpers.js` 中定義好的 availableLocations 陣列：

1. 先把 availableLocations 陣列匯入

```
// ./src/views/WeatherSetting.js
// ...
import { availableLocations } from './../utils/helpers';
```

2. 要帶出 Select 元素中的各個選項，不需要自己一個一個把所有選項打出來，而是可以透過先前學過的「JSX 中迴圈的使用」，把所有可以選擇的地區透過迴圈加以呈現即可：

```
const WeatherSetting = () => {
  return (
    // ...
    <StyledSelect id="location" name="location">
      {availableLocations.map((location) => (
        <option value={location.cityName} key={location.cityName}>
          {location.cityName}
        </option>
      ))}
    </StyledSelect>
  );
}
```

這裡在迴圈（`.map`）中，同樣也可以透過物件的解構，直接把需要的 cityName 屬性取出，像是這樣：

```
const WeatherSetting = () => {
  return (
```

```
    // ...
    <StyledSelect id="location" name="location">
      {availableLocations.map(({ cityName }) => (
        <option value={cityName} key={cityName}>
          {cityName}
        </option>
      ))}
    </StyledSelect>
  );
}
```

透過條件轉譯顯示不同頁面

▶ 在 App 元件中匯入 WeatherSetting 元件

一直看不到頁面的樣子實在沒什麼安全感,先來看一下剛剛完成的
WeatherSetting 長什麼樣子吧!

首先到 **App.js** 中透過 **import** 把 **WeatherSetting** 元件載入,並且在 JSX 中
使用它:

```
// ./src/App.js
// ...
import WeatherCard from './views/WeatherCard';
import WeatherSetting from './views/WeatherSetting';
```

接著在 **<Container>** 中使用 WeatherSetting 元件:

```
// ./src/App.js
// ...

const App = () => {
  // ...
  return (
    <ThemeProvider theme={theme[currentTheme]}>
```

```
<Container>
  <WeatherCard
    weatherElement={weatherElement}
    moment={moment}
    fetchData={fetchData}
  />
  <WeatherSetting />  {/* 放入 WeatherSetting 元件 */}
</Container>
</ThemeProvider>
);
}
```

這時候你會看到頁面上同時呈現出 **WeatherCard** 和 **WeatherSetting** 這兩個元件：

那麼要怎麼讓這兩個元件像是切換頁面一樣呢？其實在前端框架中，使用者畫面上要看到什麼內容，多數都還是使用之前學到的條件轉譯（condition render）在操作，就算未來看到所謂的前端路由（例如，react-router、vue-router），本質上仍然是條件轉譯的應用，但會做到更多不同的功能，讓使用者感覺是在不同網址間切換。

▶ 在 App 元件中進行條件轉譯來切換頁面

現在,在 App 元件中包含了 **WeatherCard** 和 WeatherSetting 這兩個頁面,因此這裡我們可以在 App 元件中定義一個 state,用這個 state 來決定現在要讓使用者看到哪一個頁面,就讓我們開始吧!

打開 App.js:

1. 透過 **useState**,定義 **currentPage** 這個 state,預設值是 **WeatherCard**
2. 透過條件轉譯的方式,使用 **&&** 判斷式來決定要呈現哪個元件在畫面上

```
// ./src/App.js
const App = () => {
  // STEP 1:定義 currentPage 這個 state,預設值是 WeatherCard
  const [currentPage, setCurrentPage] = useState('WeatherCard');

  return (
    <ThemeProvider theme={theme[currentTheme]}>
      <Container>
        {/* STEP 2:利用條件轉譯的方式決定要呈現哪個元件 */}
        {currentPage === 'WeatherCard' && (
          <WeatherCard
            weatherElement={weatherElement}
            moment={moment}
            fetchData={fetchData}
          />
        )}

        {currentPage === 'WeatherSetting' && <WeatherSetting />}
      </Container>
    </ThemeProvider>
  );
};
```

現在你可以透過 React Developer Tools 來修改 **currentPage** 的資料狀態,把它從 WeatherCard 改成 WeatherSetting,看看能不能順利切換到不同頁面:

在下一個單元中，會再來看怎麼讓使用者透過點擊按鈕進入到設定頁。

換你了！ 實作天氣設定頁面

現在要換你實作天氣設定頁面，並且透過條件轉譯的方式，讓使用者一次只會看到一個頁面。同樣可以參考以下步驟：

- 新增 **./src/views/WeatherSetting.js** 檔案
- 於本單元分支的説明頁，將預先撰寫好的 styled components 複製到 WeatherSetting.js 中
- 在 WeatherSetting 元件的 JSX 中使用定義好的 styled components
- 從 **./src/utils/helpers** 中匯入 **availableLocations** 物件，並以迴圈的方式產生 Select 中選項
- 在 App 元件中匯入 WeatherSetting 元件
- 在 App 元件中，透過 **useState** 定義 **currentPage**，並以條件轉譯的方式分別呈現不同的頁面
- 使用 React Developer Tools 試著改變 **currentPage** 的資料狀態，看看畫面會不會有對應的改變

本單元相關之網頁連結、完整程式碼與程式碼變更部分可於 **support-dark-theme** 分支檢視：

 https://github.com/pjchender/learn-react-from-hook-realtime-weather-app/tree/create-weather-setting-page

7-3 實作頁面間的切換功能

本單元對應的專案分支為：`switch-between-pages`。

單元核心

這個單元的主要目標包含：

■ 讓使用者可以直接於 UI 上切換不同頁面

在上一個單元中，讀者已經可以透過 React Developer Tools 來檢驗頁面切換的效果。在這個單元中，我們要讓使用者直接透過畫面上的按鈕點擊來達到頁面間的切換。

在 WeatherCard 元件中新增進入設定頁的按鈕

現在你會看到畫面上變成像原本一樣，只看到天氣資訊的卡片，那麼要怎麼讓使用者切換到設定頁呢？

我們可以在 WeatherCard 元件中，新增一個齒輪的圖示，使用者可以透過點擊齒輪圖示來進到設定頁面：

1. 在原本的 **./src/images** 中就有放了齒輪的圖示，因此可直接使用 **import** 載入齒輪圖示（**cog.svg**）

```
// ./src/views/WeatherCard.js
// ...
import { ReactComponent as CogIcon } from './../images/cog.svg';
```

2. 透過 **@emotion/styled** 幫齒輪新增樣式

```
// ./src/views/WeatherCard.js
// ...
const Cog = styled(CogIcon)`
  position: absolute;
  top: 30px;
  right: 15px;
  width: 15px;
  height: 15px;
  cursor: pointer;
`;
```

3. 在 JSX 中使用齒輪圖示

```
// ./src/views/WeatherCard.js
// ...
```

```
const WeatherCard = () => {
  // ...
  return (
    <WeatherCardWrapper>
      {/* 放入齒輪圖示 */}
      <Cog />
      <Location>{locationName}</Location>
      {/* ... */}
    </WeatherCardWrapper>
  );
};
```

現在我們的天氣資訊頁就可以看到齒輪的按鈕了：

讓子層元件可以修改父層元件的資料狀態

現在控制顯示哪個頁面的資料狀態，是由放在 App 元件中的 **currentPage** 來決定，但我們希望使用者點擊 WeatherCard 的元件中的按鈕時，就可以去修改 **currentPage** 的資料狀態。這裡就會需要用到「讓子層元件可以修改父層元件的資料狀態」。

這個部分我們在前面實作網速單位換算器時已經提過，由於子元件並不能「直接」修改父層元件的資料，而是需要透過父元件將修改資料的方法傳遞到子元件來完成。

以這裡來說，在 App 元件中，若想要修改 currentPage 時，需要使用 setCurrentPage 這個方法；現在當我們想在子元件 WeatherCard 修改父元件 WeatherApp 的 currentPage 狀態時，做法是一樣的，只需要使用 setCurrentPage 這個方法。

那麼子層元件要如何取得 setCurrentPage 這個方法呢？還記得透過 props 一樣可以傳遞函式嗎？現在我們只需要在 App 元件中定義一個 handleCurrentPage 的函式，並在這個函式中執行 setCurrentPage 這個方法，最後將 handleCurrentPageChange 透過 props 從 App 元件傳遞到 WeatherCard 元件中，WeatherCard 就可以透過 handleCurrentPageChange 這個方法來更新 currentPage 的資料狀態了。

App 元件

回到 App.js 中把 setCurrentPage 這個方法，包成一個 handleCurrent PageChange 的函式，接著再透過 props 把分別傳入 <WeatherCard /> 和 <WeatherSetting /> 這兩個元件中：

```
// ./src/App.js
const App = () => {
  // ...
  const [currentPage, setCurrentPage] = useState('WeatherCard');
  const handleCurrentPageChange = (currentPage) => {
    setCurrentPage(currentPage);
  };

  return (
    // 將 handleCurrentPageChange 透過 props 傳進 WeatherCard 元件中
```

```
<WeatherCard
  weatherElement={weatherElement}
  moment={moment}
  fetchData={fetchData}
  handleCurrentPageChange={handleCurrentPageChange}
/>

// 將 handleCurrentPageChange 透過 props 傳進 WeatherSetting 元件中
<WeatherSetting handleCurrentPageChange={handleCurrentPageChange} />
  );
};
```

在 WeatherCard 中呼叫 handleCurrentPageChange 方法

接著到 WeatherCard.js 中，就可以

1. 透過 props 取出傳入的 handleCurrentPageChange 方法
2. 當齒輪被點擊時，透過 handleCurrentPageChange 把 currentPage 改成 WeatherSetting

```
// ./src/views/WeatherCard.js

// STEP 1：從 props 中取出 handleCurrentPageChange
const WeatherCard = ({ weatherElement, moment, fetchData,
                      handleCurrentPageChange }) => {
  // ...
  return (
    {/* STEP 2：當齒輪被點擊的時候，將 currentPage 改成 WeatherSetting */}
    <Cog onClick={() => handleCurrentPageChange('WeatherSetting')} />
  )
}
```

現在當我們點擊齒輪的按鈕時，就會觸發 onClick 事件，handleCurrent PageChange 就會被呼叫到，這時候位於父元件 WeatherApp 中的

currentPage 就會被修改，同時觸發元件重新轉譯，重新轉譯後就會顯示對應到的 `WeatherSetting` 頁面。

在 WeatherSetting 中呼叫 handleCurrentPageChange 方法

現在我們可以從 WeatherCard 進到 WeatherSetting 頁面，同樣只要在 WeatherSetting 元件中呼叫 **handleCurrentPageChange** 方法，就可以回到 `WeatherCard` 頁面：

1. 從 props 中取出 **handleCurrentPageChange** 方法
2. 在「返回按鈕」被點擊時呼叫 **handleCurrentPageChange** 方法，切換顯示頁面到 WeatherCard

```
// ./src/views/WeatherSetting.js

// STEP 1：從 props 中取出 handleCurrentPageChange
const WeatherSetting = ({ handleCurrentPageChange }) => {
  <ButtonGroup>
    {/* STEP 2：呼叫 handleCurrentPageChange 方法來換頁 */}
    <Back onClick={() => handleCurrentPageChange('WeatherCard')}> 返回
                </Back>
    <Save> 儲存 </Save>
  </ButtonGroup>;
};
```

現在，我們就可以正常的切換頁面了。

只要簡單透過條件轉譯就可以讓使用者有切換頁面的感覺。許多前端路由的工具（例如，react-router），本質上也是透過條件轉譯的方式來切換不同頁面，但這些前端路由的工具又處理了更多事務，包含換頁的時候同時更換顯示的網址；當使用者輸入網址後，能夠去處理這個網址對應要顯示的元件為何。

換你了！ **實作頁面間的切換功能**

在這個單元中，整合了過去學習的幾個不同部分，像是 useState、props 的傳遞、由子元件修改父元件的資料狀態、條件轉譯的使用等等，透過這些整合，就可以實作出頁面切換的效果。現在你可以參考下面的步驟加以完成：

- 在 WeatherCard 元件中加入齒輪按鈕
- 將 setCurrentPage 方法包在 handleCurrentPageChange 函式中，並透過 props 傳入 WeatherCard 和 WeatherSetting 元件
- 在 WeatherCard 和 WeatherSetting 元件中，透過 props 將 handleCurrent PageChange 取出，並在對應的按鈕被 onClick 時進行頁面的切換

本單元相關之網頁連結、完整程式碼與程式碼變更部分可於 switch-between-pages 分支檢視：

https://github.com/pjchender/learn-react-from-hook-realtime-weather-app/tree/switch-between-pages

7-4 React 中的表單處理（Controlled vs Uncontrolled）

本單元對應的專案分支為：controlled-components-of-form。

單元核心

這個單元的主要目標包含：

- 了解 Controlled 和 Uncontrolled Components 的概念

■ 了解如何使用 Controlled Components 來操作表單資料

在上一個單元中，使用者已經可以自由的在天氣資訊頁（WeatherCard）和設定頁（Setting）間切換。在這個單元中會說明在 React 中基本的表單處理，讓 React 元件可以知道使用者選擇的天氣選項為何：

Controlled vs Uncontrolled Components

關於表單的處理，我們曾經在網速單位換算器中使用過表單元素 `<input type="number" />`，當時透過 `onChange` 搭配 `setState` 的方式來操作表單的資料，但在當時我們還沒有進一步說明 React 中表單處理的概念。

在 React 中表單元素的處理主要可以分成兩種 Controlled 和 Uncontrolled 這兩種，這裡關於 Controlled 和 Uncontrolled 指的是「資料受不受到 React 所控制」，也就是「受 React 所控制的資料（Controlled）」或「不受 React 所控制的資料（Uncontrolled）」。

之所以在表單元素上會區分「受 React 控制的資料」和「不受 React 控制的資料」，主要是因為在瀏覽器中，像是 **<input />** 這類的表單元素本身就可以保有自己的資料狀態，這也就是 什麼當我們在 **<input />** 中輸入文字後，可以直接透過 JavaScript 選到該 input 元素後，再取出該元素的值，因為使用者輸入的內容（資料）可以直接保存在 **<input />** 元素內。

以下面程式碼舉例來說：

- 我們可以透過 **document.querySelector** 選到該表單元素
- 透過該元素的 **value** 屬性，就可以知道該 **<input />** 欄位中填入的值為何

```
<input type="text" id="name"/>

<script>
  const inputName = document.querySelector("#name");
  inputName.addEventListener("input", e => console.log(e.target.value));
</script>
```

但到了 React 時，React 就可以幫我們處理資料狀態，我們可以把表單內使用者輸入的資料交給 React，在使用者輸入資料的同時驗證使用者輸入內容的有效性（例如，輸入的內容有誤時跳出提示訊息），並做瀏覽器畫面的更新。

這種把表單資料交給 React 來處理的就稱作 Controlled Components，也就是受 React 控制的資料；相對地，如果不把表單資料交給 React，而是像過去一樣，選取到該表單元素後，才從該表單元素取出值的這種做法，就稱作 Uncontrolled Components，也就是不受 React 控制的資料。

針對表單元素，React 會建議我們使用 Controlled Components，基本上使用 Controlled Components 和 Uncontrolled Components 都能達到一樣或類似的效果，但是當我們需要對資料有更多的控制或提示畫面的處理時，使用 Controlled Components 會來得容易的多。

> **TIPS**
>
> 多數的表單元素都可以交給 React 處理，除了上傳檔案用的 <input type="file" /> 例外，因為該元素有安全性的疑慮，JavaScript 只能取值而不能改值，也就是透過 JavaScript 可以知道使用者選擇要上傳的檔案為何（取值），但不能去改變使用者要上傳的檔案（改值）。因此對於檔案上傳用的 <input type="file" /> 只能透過 Uncontrolled Components 的方式處理。

在有了 Controlled 和 Uncontrolled Components 的概念後，現在就來讓我們看看如何實作這兩者表單處理的方式。

在這個單元中我們會先練習 Controlled Components 的表單處理，下一個單元再來看看，如果改成 Uncontrolled Components 的話可以怎麼做。不論是使用 Controlled 或 Uncontrolled 的方法，當使用者在天氣設定頁點選「儲存」的時候，都可以在瀏覽器的開發者工具中看到使用者欲儲存的地區，但實際上資料的保存則會到後面的單元再繼續說明。

Controlled Components

針對表單元素，React 會建議我們使用 Controlled Components，也就是把表單的資料儲存在該 React 元件內交給他來處理，這個做法就和先前網速單位換算器中使用的方式相同。

將資料交給 React

因為要將資料交給 React 處理，所以會先透過 **useState** 來建立保存資料狀態的地方，接著在表單元素上透過 **onChange** 事件來取得該表單元素當前的值，並且馬上更新到 React 元件的資料狀態內。

套用到 WeatherSetting 天氣設定頁面就像這樣：

1. 從 react 中載入 **useState**

2. 透過 **useState** 取得 **locationName** 和 **setLocationName**，將預設值先設為「臺北市」：

```
// ./src/views/WeatherSetting.js
// STEP 1：從 react 中載入 useState
import { useState } from 'react';
// ...

const WeatherSetting = ({ handleCurrentPageChange }) => {
   // STEP 2：定義 locationName，預設值先帶為空
   const [locationName, setLocationName] = useState(' 臺北市 ');
   // ...
}
```

TIPS

這裡不把資料狀態取名為 location 的原因在於瀏覽器本身就有一個 window.location 物件，因此當你直接在瀏覽器的 console 面版中輸入 location 是會得到內容的，為了避免可能的錯誤，取名為 locationName。

3. 使用 **onChange** 事件來監聽使用者輸入的資料，並且當事件觸發時呼叫 **handleChange**

```
const WeatherSetting = ({ handleCurrentPageChange }) => {
   // ...
   return (
     // 使用 onChange 搭配 handleChange 來監聽使用者輸入的資料
     <StyledSelect id="location" name="location" onChange={handleChange}>
       {/* ... */}
     </StyledSelect>
   );
};
```

4. 定義 **handleChange** 函式，當使用者輸入資料時，把資料內容透過 **setLocation** 更新 React 內部的資料狀態

5. 把使用者輸入的內容透過 **setLocationName** 更新到 React 內的資料狀態

```
const WeatherSetting = ({ handleCurrentPageChange }) => {
  const [locationName, setLocationName] = useState(' 臺北市 ');

  // STEP 4：定義 handleChange 要做的事
  const handleChange = (e) => {
    console.log(e.target.value);

    // STEP 5：把使用者輸入的內容更新到 React 內的資料狀態
    setLocationName(e.target.value);
  };
}
```

現在當使用者點選某一個地區時，我們將可以從 React Developers Tools 中看到使用者選擇的項目：

帶入資料預設值

透過 React Developer Tools 你會發現，當使用者一進來這頁時，因為 **locationName** 的預設值是空字串，因此除非使用者有點擊地區選項，否則雖然顯示 React Developers Tools 中資料「臺北市」，但畫面並沒有連帶對應。但如果使用者前一次已經有儲存過地區資料，當使用者在進到設定頁的時，地區欄位應該就會直接帶出上一次他填寫的資訊，在 Controlled Components 中可以怎麼做呢？

若要讓這個地區欄位的 `<input>` 在頁面呈現時就帶有預設值的話，我們可以直接在 `<input>` 中加上 **value** 屬性，React 會自動把這個 **value** 帶入的值當作該欄位的預設值呈現出來：

```
const WeatherSetting = ({ handleCurrentPageChange }) => {
  const [locationName, setLocationName] = useState(' 臺北市 ');

  return (
    <StyledSelect
      id="location"
      name="location"
      onChange={handleChange}
      // 透過 value 可以讓資料與畫面相對應
      value={locationName}
    >
      {/* ... */}
    </StyledSelect>
  );
};
```

建立點擊儲存後的行為流程

現在當使用者點擊儲存按鈕時，我們只需要把使用者選擇的項目透過 console.log 顯示出來，在後面的單元再來實作儲存的功能，因此：

1. 定義 **handleSave** 函式
2. 在儲存按鈕透過 **onClick** 綁定事件，並觸發 **handleSave** 方法

```
const WeatherSetting = ({ handleCurrentPageChange }) => {
  // ...
  // STEP 1：定義 handleSave 函式
  const handleSave = () => {
    console.log('locationName', locationName);
  };

  return (
    // ...
    <ButtonGroup>
      {/* STEP 2：點擊儲存按鈕時，觸發 handleSave */}
      <Save onClick={handleSave}> 儲存 </Save>
    </ButtonGroup>
  );
};
```

這時候當使用者點擊儲存時，即可在瀏覽器開發者工具的 console 面板看到使用者欲儲存的資料：

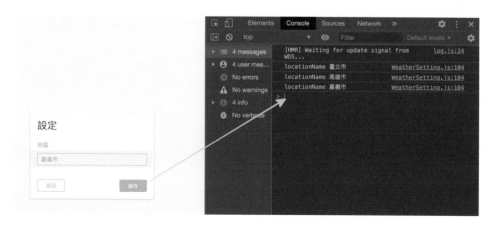

換你了！ 取得使用者欲儲存的地區資訊

在這個單元中我們說明了 controlled components 的做法，也就是透過 useState，表單中的 onChange 和 value 來達到把資料交給 React 內部的資料狀態進行管理，最後當使用者點擊「儲存」按鈕時，可以將使用者欲保存的地區資訊顯示在 console 面板中。

現在換你實際練習看看：

- 透過 useState 取得 locationName 和 setLocationName 方法，預設值為「臺北市」
- 定義 handleChange 方法，當表單的資料改變時，把最新的資料透過 setLocationName 保存在 React 內部的資料狀態中
- 將 onChange 事件綁定在 select 元素上，當資料改變時觸發 handleChange 方法
- 定義 handleSave 方法，單純先把 locationName 的資料 console 出來
- 當使用者點擊儲存時，觸發 handleSave 方法

在下一個單元中，會接著說明如何用 uncontrolled components 來達到相同的功能。

本單元相關之網頁連結、完整程式碼與程式碼變更部分可於 controlled-components-of-form 分支檢視：

https://github.com/pjchender/learn-react-from-hook-realtime-weather-app/tree/controlled-components-of-form

7-5 Uncontrolled components 和 useRef 的使用

本單元對應的專案分支為：`uncontrolled-components-with-use-ref`。

單元核心

這個單元的主要目標包含：

- 了解什麼是 Uncontrolled Components
- 透過 useRef 來取得表單資料

在上一個單元中，提到了表單的兩種處理方式，分別是 controlled components 和 uncontrolled components。在上一個單元中已經說明了 controlled components 的做法，在這個單元中進一步來看如何使用 uncontrolled components 達到相同的結果。

這個單元的 useRef 的說明並不會放入最後完整的程式碼中，主要是作為示範說明用。

為什麼要使用 Uncontrolled Components

一般來說除非是 `<input type="file">` 這種檔案上傳的欄位之外，多會使用 Controlled Component 來做。

但有些時候可能只是想要很簡單的去取得表單中某個欄位的值，或者是有一些情況下需要直接對 DOM 元素進行操作（例如，音樂播放器中有許多方法是直接綁在 `<video>` 元素上的），這時就可以使用 React 中提供的 **useRef** 這個 Hooks。

前一個單元在 Controlled Components 的表單中，會使用 **useState** 搭配 **onChange** 來隨時更新使用者目前在表單中填入的資料，把茲這些資料放到 React 元件內部的 state 來管理。

但在 Uncontrolled Components 並不會把資料交給 React 管理，而是自己選到該 `<input />` 元素後去從該 DOM 元素中把值取出來。在 React 中若想要選取到某一元素時，就可以使用 **useRef** 這個 React Hooks。

這裡我們就同樣以 WeatherSetting 這個表單為例，只是這次把它作為 Uncontrolled Components 搭配 **useRef** 來使用。

useRef 的基本用法

useRef 的基本用法如下：

- 在 **useRef** 內可以放進一個預設值（initialValue）
- **useRef** 會回傳一個物件（refContainer），這個物件中會有一個名為 **current** 的屬性，裡面放的會是一開始給的預設值
- 這個物件最重要的是它不會隨著每一次畫面重新轉譯而指稱到不同的物件，而是可以一直指稱到同一個物件

```
// 使用 useRef 會回傳一個帶有 initialValue 的物件
const refContainer = useRef(initialValue);
```

你可以把透過 **useRef** 取得的物件，當作是完全獨立於 React 元件的變數，它不會受到 React 元件重新轉譯的影響，同樣的，當你對裡面的值進行操作時，和 **useState** 的 **setSomething** 不同，**useRef** 也不會觸發 React 元件重新轉譯。舉例來說：

```
const fooRef = useRef('foo');

// 在回傳物件的 current 屬性中可以取得原本的值
console.log(fooRef.current === 'foo'); // true

// 可以直接對其修改屬性值，這麼做不會觸發元件重新轉譯
fooRef.current = 'bar'
console.log(fooRef.current);    // bar
```

如果是要把 **useRef** 當成 **document.querySelector** 來選取到某一元素的話，可以在該 HTML 元素上使用 **ref** 屬性，並把 **useRef** 回傳的物件放進去即可，例如：

```
const InputElement = () => {
  // 透過 useRef 取得一個不帶初始資料的 inputRef
  const inputRef = useRef(null);

  // 透過在 HTML 元素上使用 ref 屬性，把 useRef 取得的回傳值帶進去
  return <input ref={inputRef} />;
};
```

這時候只要透過 **inputRef.current** 就可以指稱到 **<input />** 這個 HTML 元素，就很像是用 **document.querySelector('input')** 後取得的結果。

套用到設定頁面

讓我們把原本 Controlled Components 的寫法移除，實際套用 Uncontrolled Components 到地區設定頁面來看看可以怎麼用：

1. 先從 **react** 中取出 **useRef** 這個 Hook 來用，把原本用的 **useState** 移除

```
// ./src/views/WeatherSetting.js
import { useRef } from 'react';
```

2. 使用 **useRef** 來建立可以一直被參照到的物件，將這個回傳的物件取名為 **inputLocationRef**

3. 在 **<input>** 的地方，不需要再使用 **onChange** 事件隨時更新 React 的資料狀態，而是透過 **ref={inputLocationRef}** 讓 **inputLocationRef. current** 可以指稱到這個 input 欄位，資料是保存在瀏覽器本身的 input 欄位中

```
const WeatherSetting = ({ handleCurrentPageChange }) => {
```

```
// STEP 2：使用 useRef 建立一個 ref，取名為 inputLocationRef
const inputLocationRef = useRef(null);

return (
  {/* STEP 3：將 useRef 回傳的物件，指稱為該 input 元素 */}
  <StyledSelect id="location" name="location" ref={inputLocationRef}>
    {/*  */}
  </StyledSelect>
);
};
```

4. 定義 **handleSave** 方法，在該方法中，即可透過 **inputLocationRef. current** 即 可 取 得 剛 剛 透 過 **ref** 指 稱 的 元 素， 並 且 透 過 **inputLocationRef.current.value** 就可以取得該欄位的值

```
const WeatherSetting = ({ handleCurrentPageChange }) => {
  // ...

  // STEP 4：透過 inputLocationRef.current 取得透過 ref 指稱的 HTML 元素
  const handleSave = () => {
    console.log('value', inputLocationRef.current.value);
  };

  return (
    // ...
    <ButtonGroup>
      <Back onClick={() => handleCurrentPageChange('WeatherCard')}>
        返回 </Back>
      <Save onClick={handleSave}> 儲存 </Save>
    </ButtonGroup>
  )
};
```

此時當使用者按下儲存按鈕時，一樣會在瀏覽器的 console 面板中出現使用者想要儲存的地區資訊。

在 Uncontrolled Components 中設定預設值

對於 Uncontrolled Components 若想要定義預設值，可以在 `<input>` 欄位中使用 `defaultValue`：

```
const WeatherSetting = ({ handleCurrentPageChange }) => {
  // ...

  return (
    // ...
    <StyledSelect
      id="location"
      name="location"
      ref={inputLocationRef}
      // 透過 defaultValue 設定預設值
      defaultValue=" 臺南市 "
    >
      {/*  */}
    </StyledSelect>
  );
};
```

如此，當使用者一進來設定頁面時，顯示的選項就會是「臺南市」。此外，由於現在並沒有監控 onChange 事件，也沒有使用 setSomething 的方法來變更 React 元件內的資料狀態，因此不管使用者在中途切換過什麼選項，開發者都不會理會，只要在最後按下儲存按鈕時，才會從該 HTML 元素中把值取出。

> **TIPS**
>
> 你可以發現當我們把 useRef 回傳的物件透過 rel 的方式放到 HTML 元素中時，就很像是用 document.querySelector 去選到該元素後，保存在 useRef 回傳物件的 current 屬性內。

換你了！ 使用 uncontrolled components 的方式取得使用者欲儲存的地區資訊

這個單元主要是示範和說明 uncontrolled components 還有 **useRef** 的使用，但是一般來說，在沒有額外需求的情況下，React 的表單還是會使用 Controlled Components，如此才能知道每一次使用者輸入的內容，做出立即的互動效果（例如，錯誤提示、表單驗證等等）。讀者可以參考以下步驟完成：

1. 透過 import 匯入 useRef 這個 React Hooks
2. 在 useRef 中帶入預設值為 null，並取得 inputLocationRef 物件
3. 透過 ref 這個屬性，讓 inputLocationRef 可以參照到該 select 元件
4. 在使用者選擇不同的地區時，可以透過 inputLocationRef.current 指稱到 Select 元素
5. 透過 inputLocationRef.current.value 即可取得使用者選擇的項目值

從這張圖中，可以看到在程式碼上，使用 Controlled Components 和 Uncontrolled Components 上的差異：

```
 96  const WeatherSetting = ({ setCurrentPage }) => {        96  const WeatherSetting = ({ setCurrentPage }) => {
 97-   const [locationName, setLocationName] = useState('臺北市')  97+   const inputLocationRef = useRef(null);
 98-
 99-   const handleChange = (e) => {
100-     setLocationName(e.target.value);
101-   };
102-
103-   const handleSave = () => {                              98    const handleSave = () => {
104-     console.log('locationName', locationName);            99+     console.log('value', inputLocationRef.current.value);
105-   };                                                     100   };
106                                                           101
107    return (                                               102   return (
108      <WeatherSettingWrapper>                              103     <WeatherSettingWrapper>
109        <Title>設定</Title>                                104       <Title>設定</Title>
110        <StyledLabel htmlFor="location">地區</StyledLabel>  105       <StyledLabel htmlFor="location">地區</StyledLabel>
111                                                           106
112        <StyledSelect                                      107       <StyledSelect
113          id="location"                                    108         id="location"
114          name="location"                                  109         name="location"
115-         onChange={handleChange}                          110-         ref={inputLocationRef}
116-         value={locationName}                             111+         defaultValue="臺南市"
117          >                                                112         >
```

雖然透過 Uncontrolled Components 的作法一樣可以完成後續要做的保存使用者地區資訊的功能，但目前依照 React 的建議，在下一個單元中，我們仍

會使用上一個單元完成的 Controlled Components 的做法，因此練習完後，記得要修改回原本的程式碼。

useRef 的補充說明：在 Functional Component 中建立不會導致畫面更新的變數

useRef 除了可以用來參照回某個表單元件外，在 React 中也很常用來建立一個不會使得畫面更新的變數來使用，因此開發者可以把一些變數的資料保存在 useRef 取得物件的 current 屬性中，並在需要時進行修改即可。關於這部分更多的補充，可以檢視本單元於 Github 專案分支的說明頁檢視。

本單元相關之網頁連結、完整程式碼與程式碼變更部分可於 uncontrolled-components-with-use-ref 分支檢視：

https://github.com/pjchender/learn-react-from-hook-realtime-weather-app/tree/uncontrolled-components-with-use-ref

7-6 讓使用者可以自行設定地區

本單元對應的專案分支為：select-location-in-weather-setting。

單元核心

這個單元的主要目標包含：

■ 讓使用者切換地區後，可以取得並顯示該地區的天氣資訊

在這個單元中要來讓使用這能夠實際更換顯示天氣資訊的地區，如下圖所
示，使用者在選擇區域並點選儲存後，回到天氣資訊頁面就可以看到該地區
即時的天氣資訊：

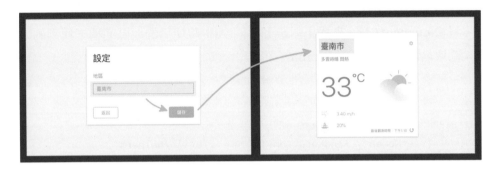

整個流程會像這樣，在這整個專案中，大部分的資料狀態都是保存在最上層
的 App 元件中，透過 props 的方式傳遞給其他需要的元件。因此這裡我們會
維持這樣的原則，在 App 元件中，會保存要顯示的天氣資訊的地區，接著讓
使用者可以在 WeatherSetting 頁面中去修改地區，但實際上是更新 App 中
地區的資料狀態。

在 App 中定義目前地區

由於實際上發送 API 請求，拉取資料的動作（**useWeatherAPI**）是在 App 元
件中，因此可以在 App 元件中透過 **useState** 定義當前要拉取天氣資料的地
區，並且把可以修改天氣地區的方法透過 props 傳到 **WeatherSetting** 元件
中，讓該元件可以修改 WeatherApp 內當前地區的資料。

1. 使用 **useState** 定義當前要拉取天氣資訊的地區（**currentCity**），預設
   值先定為「臺北市」

```
// ./src/App.js
// ...
const App = () => {
```

```
  // STEP 1：定義 currentCity
  const [currentCity, setCurrentCity] = useState('臺北市');
}
```

2. 透過 **import** 匯入剛剛在 **utils.js** 中定義好的 **findLocation** 方法

3. 根據 **currentCity** 來找出對應到不同 API 時使用的地區名稱，找到的地區取名為 **currentLocation**

```
// ./src/App.js

// STEP 2：匯入 findLocation
import { getMoment, findLocation } from './utils/helpers';

const App = () => {
  const [currentCity, setCurrentCity] = useState('臺北市');
  // STEP 3：找出每支 API 需要帶入的 locationName
  const currentLocation = findLocation(currentCity);
}
```

透過 **currentLocation** 就可以取得所有 API 需要使用到的 location Name，以臺北市為例，**currentLocation** 會是：

```
{cityName: "臺北市", locationName: "臺北", sunriseCityName: "臺北市"}
// currentLocation
```

4. 這裡的 **findLocation** 這行也同樣可以用上 **useMemo** 的概念，只要 **currentCity** 沒有改變的情況下，即使元件重新轉譯，也不需要重新取值：

```
// ./src/App.js
const App = () => {
  // STEP 4 使用 useMemo 把取得的資料保存下來
  const currentLocation = useMemo(()=>findLocation(currentCity),
    [currentCity]);
}
```

5. 在 **useWeatherAPI** 和 **getMoment** 的 參 數 中， 就 可 以 更 改 為 使 用 **currentLocation** 取得的地區資料：

```
// ./src/App.js
// ...
const App = () => {
  // ...

  const currentLocation = useMemo(()=>findLocation(currentCity),
        [currentCity]);
  // STEP 5：再透過解構賦值取出 currentLocation 的資料
  const { cityName, locationName, sunriseCityName } = currentLocation;

  // STEP 6：在 getMoment 的參數中換成 sunriseCityName
  const moment = useMemo(() => getMoment(sunriseCityName),
        [sunriseCityName]);

  // STEP 7：在 useWeatherAPI 中的參數改成 locationName 和 cityName
  const [weatherElement, fetchData] = useWeatherAPI({
    locationName,
    cityName,
    authorizationKey: AUTHORIZATION_KEY,
  });
  //...
};
```

6. 在 App 元件中原本使用的 **LOCATION_NAME** 和 **LOCATION_NAME_FORECAST** 這兩個常數了，因為可以透過 **currentLocation** 取得，因此可以把這兩個常數移除。

透過 React Developer Tools 改變 currentLocation 的資料狀態

現在我們可以透過 React Developer Tools，從開發者工具中 State 的地方，把「臺北市」改成其他縣市，看看左側的畫面是否會連帶改變：

這裡你會發現天氣卡片的地區顯示有些不太正確，這是因為原本的 **weatherElement.locationName** 會是局屬氣象站的名稱，而不是縣市名稱。

App 元件

我們可以把 **cityName** 透過 props 傳入 WeatherCard 元件加以顯示：

```
// ./src/App.js
const App = () => {
  // ...
  // 將 cityName 傳入 WeatherCard 元件中
  <WeatherCard
    cityName={cityName}
    weatherElement={weatherElement}
    moment={moment}
```

```
    fetchData={fetchData}
    handleCurrentPageChange={handleCurrentPageChange}
  />
}
```

WeatherCard 元件

接著在 WeatherCard 元件中,可以直接把 **cityName** 從 props 取出後顯示。
另外現在用不到原本從 **weatherElement** 中取出的 **locationName**(局屬氣
象站),可以一併移除:

```js
// ./src/views/WeatherCard.js
// ...
const WeatherCard = ({
  weatherElement,
  moment,
  fetchData,
  handleCurrentPageChange,
  cityName,     // 取得 App 傳入的 cityName
}) => {
  // ...
  return (
    // ...
    // 在 JSX 中顯示 cityName
    <Location>{cityName}</Location>
  )
}
```

現在天氣卡片就會正確顯示縣市名稱,而不是局屬氣象站的名稱!

讓使用者從設定頁改變地區資訊

接著,和切換頁面(**handleCurrentPageChange**)的方式一樣,把 **handle
CurrentCityChange** 方法透過 props 傳入,讓 WeatherSetting 可以去修改
currentCity,以更新要拉取天氣資料的地區,如下圖所示:

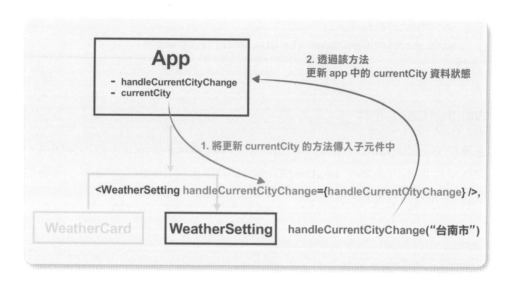

App 元件

```js
// ./src/App.js
// ...

const App = () => {
  const handleCurrentCityChange = (currentCity) => {
    setCurrentCity(currentCity);
  };

  // ...
  return (
   // ...

    // 將 cityName 和 handleCurrentCityChange 傳入 WeatherSetting 元件中
     <WeatherSetting
       cityName={cityName}
       handleCurrentCityChange={handleCurrentCityChange}
       handleCurrentPageChange={handleCurrentPageChange}
     />
```

表單處理與頁面間的切換 · **Chapter** 07

```
  )
}
```

WeatherSetting 元件

1. 從 props 中取出 cityName 和 handleCurrentCityChange

2. 把 cityName 當成 locationName 這 個 state 的 預 設 值，因 為 <input
    value={locationName}>，因此當使用者一進到此頁面時，地區的表單
    欄位就會是使用者當前的地區

```
// ./src/views/WeatherSetting.js
// ...

// 從 props 中取出 App 元件傳入的 cityName 和 handleCurrentCityChange
const WeatherSetting = ({ cityName, handleCurrentCityChange,
    handleCurrentPageChange }) => {
  const [locationName, setLocationName] = useState(cityName);
    // 把 cityName 當成預設值
  // ...
}
```

3. 接著在原本的 handleSave 中，當使用者點擊儲存時，把使用者選擇的
    地區透過 handleCurrentCityChange 來更新 App 元件中 currentCity
    的資料狀態，同時透過 handleCurrentPageChange 把使用者的頁面切換
    回天氣資訊頁（WeatherCard）：

```
const WeatherSetting = ({ cityName, handleCurrentCityChange,
    handleCurrentPageChange }) => {
  const [locationName, setLocationName] = useState(cityName);
    // 把 cityName 當成預設值
  // ...
  const handleSave = () => {
```

```
    console.log(` 儲存的地區資訊為：${locationName}`);
    handleCurrentCityChange(locationName);
        // 更新 App 元件中的 currentCity 名稱
    handleCurrentPageChange('WeatherCard');  // 切換回 WeatherCard 頁面
  };
  // ...
}
```

太棒了！現在你可以試著在設定頁面中切換地區，在按下儲存後，天氣卡片的所拉取地區也會連帶更改。

換你了！ 讓使用者可以自行設定地區

在這個單元中，我們幾乎完成了所有「台灣好天氣」的功能，現在使用者可以在設定頁面將地區切換成自己所在的地區，取得該地區的天氣資訊和降雨機率。現在要請你試著實作這個功能，你可以參考下面的步驟加以完成：

- 在 App 元件中，透過 useState 取得 currentCity 和 setCurrentCity，先以一個縣市（例如，高雄市）當作預設值。
- 透過 findLocation 這個方法，將 currentCity 轉換成各個 API 對應需要使用的 locationName
- findLocation 這個方法，一樣可以透過 useMemo 這個方法，減少不必要的重複運算
- 取得各個 API 適用的 locationName 後，分別以參數的方式帶入 getMoment（得知目前是白天或晚上的方法）以及 useWeatherAPI（取得天氣資訊的 Custom Hook）
- 將 findLocation 後取得的 cityName 以 props 的方式傳入 WeatherCard 元件中，以顯示正確的縣市名稱
- 將 setCurrentCity 的方法先包成 handleCurrentCityChange 這個函式，再從 App 元件傳入 WeatherSetting 元件中，讓使用者可以在設定頁修改顯示的地區

- 在 WeatherSetting 元件中，當使用者點擊儲存後，透過 handleCurrent CityChange 更新 App 元件中 currentCity 的資料狀態，並透過 handle CurrentPageChange 切換回天氣資訊頁

現在，你可以自由切換地區了！但現在還剩下最後一個功能需要完成，因為目前沒有把使用者選擇的地區資訊保存下來，因此只要使用者重新整理頁面，地區就會切換為一開始的 currentCity 的預設值。在下一個單元中，我們要來把使用者選擇的地區資訊保存下來。

本單元相關之網頁連結、完整程式碼與程式碼變更部分可於 select-location-in-weather-setting 分支檢視：

https://github.com/pjchender/learn-react-from-hook-realtime-weather-app/tree/select-location-in-weather-setting

7-7　透過 localStorage 保存使用者設定的地區

本單元對應的專案分支為：save-location-name-in-localstorage。

單元核心

這個單元的主要目標包含：

- 了解如何將資料保存在 localStorage 中
- 了解如何在瀏覽器中檢視 localStorage 保存的資料
- 保存使用者選取的地區在 localStorage 中

現在「台灣好天氣」的功能已經差不多完成了，但使用者目前只要重新整理瀏覽器，原本選擇的地區設定就會變回預設值，當初的設定並不會被保存下來。因此在這個單元中，我們要將使用者設定的地區資訊保存下來，因為我們沒有後端伺服器保存使用者資料，所以使用者偏好的地區資訊會儲存在瀏覽器的 localStorage 中，使用者可以透過清除瀏覽器的暫存資料來清空原先的設定。

localStorage 的使用

localStorage 是瀏覽器提供給各個網站的一個儲存空間，裡面可以保存字串的資料，使用方式非常簡單：

```
// 儲存資料
localStorage.setItem(keyName, keyValue);

// 讀取特定資料
localStorage.getItem(keyName);

// 清除特定資料
localStorage.removeItem(keyName);

// 清除全部資料
localStorage.clear();
```

保存使用者設定的地區

▶ WeatherSetting 元件

套用「台灣好天氣」中，當使用者在 WeatherSetting 元件中點擊儲存時，就可以將這個資訊儲存到瀏覽器的 localStorage 中：

```
// ./src/views/WeatherSetting.js
const WeatherSetting = ({ cityName, handleCurrentCityChange,
```

```
    handleCurrentPageChange }) => {
  const [locationName, setLocationName] = useState(cityName);
  // ...

  const handleSave = () => {
    // ...
    // 點擊儲存時，順便將使用者選擇的縣市名稱存入 localStorage 中
    localStorage.setItem('cityName', locationName);
  };


  // ...
};
```

現在你可以打開瀏覽器的開發者工具，進到 Application 頁籤中，左側有一個「Local Storage」的選項，點進去我們的網站（localhost:3000）後，只要使用者在天氣設定頁點下儲存時，資訊就會保存在 Local Storage 中，除非使用者清除瀏覽器紀錄，否則即使將網站關閉、重新整理，資料都會繼續保留：

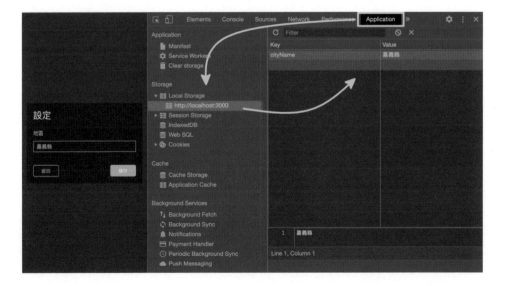

⊙ App 元件

現在已經能夠把使用者選擇的地區保存在 Local Storage 中，接著只需要在 App 元件中，把保存在 localStorage 中的資訊取出來，這樣使用者看到的地區就會是先前設定過的地區。

我們只需要在 App 元件中：

1. 透過 `localStorage.getItem()` 這個方法，即可把資料從 localStorage 中取出

2. 若 localStorage 取得到資料，表示使用者先前有設定過地區，只需將取出的資料帶入 useState 作為 currentCity 的預設資即可；若 localStorage 取不到資料，表示使用者先前沒有設定過地區，會得到 null，這時再把預設值設為一個縣市地區（例如，臺北市）

```
// ./src/App.js
// ...
const App = () => {
  // 從 localStorage 取出先前保存的地區，若沒有保存過則給予預設值
  const storageCity = localStorage.getItem('cityName') || '臺北市';

  // 帶入 useState 作為 currentCity 的預設值
  const [currentCity, setCurrentCity] = useState(storageCity);
}
```

現在即使使用者重新整理或關閉網站，下次再打開頁面時，一樣會套用到原先設定的地區。

雖然按照上面的寫法程式能正確運行，也沒有什麼錯誤，但還有一個可以優化的地方。

我們知道 React 元件每次畫面重新轉譯時，這個元件的函式會整個再次執行（除非有特別使用 useCallback 或 useMemo），讓我們回過頭來看一下原

本的程式碼，你會發現，只要元件重新轉譯，都會再次呼叫到 localStorage. getItem（'cityName'）這個方法，但實際上，我們只有在元件初次載入時會需要用到 currentCity 的初始值時，也只有這時候會需要取用到 localStorage 裡暫存的資料，也就是說，後面根本不需要再從 localStorage 拿資料。

那麼，有沒有什麼辦法，可以只拿一次 useState 的初始值，後面都不要再重複被執行呢？

答案當然是有的，先前我們在 useState 的參數中都是直接帶入一個值，但實際上，它也可以放入函式，而該函式的回傳值就會作為該 state 的預設值：

```javascript
// ./src/App.js
// ...

const App = () => {
  // Lazy initialization：在 useState 中帶入函式，該函式的回傳值會是 state
  // 的初始值且這個函式只有在元件初次載入（需要取得 state 的初始值）時才會執行
  const [currentCity, setCurrentCity] = useState(() => localStorage.
getItem('cityName') || '臺北市');

  // ...
}
```

這種透過在 useState 中帶入函式來作為 state 初始值的作法稱作「Lazy initial state」，這個函式只有在該元件初次載入，state 還沒有值時才會被執行，如此便可以避免重複一直不必要地查看 localStorage 的值，達到效能優化的效果。

換你了！ 保存使用者設定的地區

現在請你將使用者選擇的地區保存在 localStorage 中。你可以參考以下步驟：

- 在 WeatherSetting 元件中，當使用者點擊儲存時，透過 `localStorage.setItem` 的方法把資料保存在 localStorage 中
- 在 App 元件中，每次載入時先透過 `localStorage.getItem()` 從 localStorage 取出先前保存過的地區資訊，若沒有儲存過則使用預設值
- 將取得的內容，放入 `useState` 中作為 `currentCity` 的預設值
- 「使用 Lazy initialization」來達到效能優化。

這個單元完整的程式碼如下：

本單元相關之網頁連結、完整程式碼與程式碼變更部分可於 save-location-name-in-localstorage 分支檢視：

https://github.com/pjchender/learn-react-from-hook-realtime-weather-app/tree/save-location-name-in-localstorage

網站部署與未來
學習方向

8-1　將「台灣好天氣」部署到 Github Pages

本單元對應的專案分支為：main。

單元核心

這個單元的主要目標包含：

- 將網頁部署到 Github Pages 讓大家都能觀看

換你了！ 完成「台灣好天氣」UI

現在我們已經完成了整個即時天氣 App，既然都寫好了當然就是要跟大家分享炫耀啊！在這個單元中我們會把「台灣好天氣」發布到 Github Page 上，讓所有人都可以看到你完成的作品，你可以把完成的這個作品傳給你的爸爸、媽媽、阿公、阿嬤，跟他們説這是你兒（孫）做的啦！

完成後你做的「台灣好天氣」就會像這樣有一個屬於自己的網址可以分享：https://pjchender.github.io/realtime-weather-app/。

這個單元會需要你對終端機（Terminal）、npm 和 Github 具備一些基本的了解。但這些項目範疇非常廣泛，並非本書三言兩語可以說明清楚的，你可以先照著步驟做，在不清楚的地方或完成整個流程後，再透過其他網路資源去補齊自己還不太了解的地方。

在開始之前需要先請讀者確認已經在電腦上安裝過 Git，若還沒有安裝的話，可以在 Google 上搜尋「Git 安裝」即可找到很多說明文章，待安裝好 git 之後，再繼續往下閱讀。

新增並將專案 push 到 Github 上

先前我們都是透過 npm start 在本地檢視專案內容，現在如果測試後沒什麼問題的話，我們可以在終端機中輸入以下指令：

```
# 電腦上需要先安裝 git
$ git add .
$ git commit -m "Finish Realtime Weather App"
```

這些指令主要是幫我們目前完成的專案程式碼做一個「紀錄」，之後我們會把這個「紀錄」推到 Github 上，因此如果讀者還沒有 Github 帳號的話，可以趕快來註冊一個！

TIPS

多數的開發者都會註冊 Github 帳號，Github 可以算是全世界最大的程式碼開源平台，所有開源的專案程式碼都會分享到這個平台上，讓不同的開發者可以一起貢獻、改進或學習。

註冊完成後點擊 New 即可新增專案：

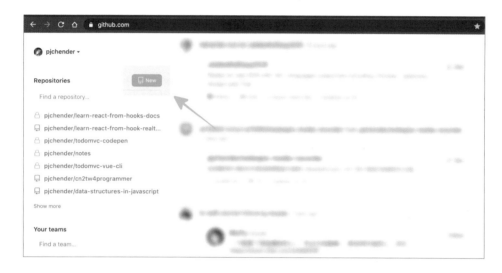

這裡我取名叫 `learn-react-from-hook-realtime-weather-app`：

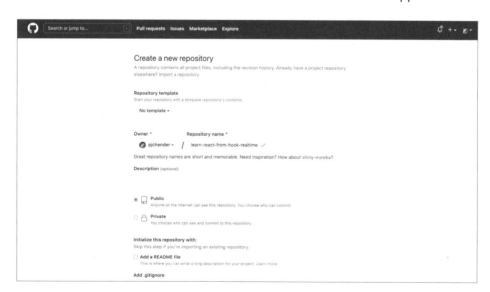

接著透過 `git remote add` 指令把 Github 上的專案與本機電腦上的專案進行關聯，讓本機的 git 知道，可以把程式碼放到 Github 上：

```
# username 和 repository-name 的部分要改成自己在 Github 上的使用者名稱和
  專案名稱
$ git remote add origin git@github.com:<username>/<repository-name>.git
```

上面指令中的 `<username>` 和 `<repository-name>` 的部分，需要改成自己在 Github 上的使用者名稱和專案名稱，例如以筆者的專案來說，會是：

```
# 以筆者的專案為例
$ git remote add origin git@github.com:pjchender/learn-react-from-hook-realtime-weather-app.git
```

接著透過 `git push` 指令就可以把該專案推上 github 專案：

```
$ git push -u origin main
```

如下圖所示，現在 github 上已經有一份我們的程式碼了：

將專案發布到 Github Page 上

現在雖然我們已經把程式碼放到 Github 上，但使用者點進來後只能看到你的原始碼，並沒有辦法看到網頁內容，這是因為 Github 本身就是一個讓大家檢視程式碼用的平台。不過 Github 另外提供了「Github Page」這個服務，讓開發者可以放置靜態網站，當其他人進到 Github Page 提供的連結時，就可以檢視到網頁內容，而不只是程式原始碼。現在就讓我們把「台灣好天氣」發布到 Github Page 上。

在 package.json 中設定 Github Page 的網址

在專案的 `package.json` 中加入 `homepage` 欄位，裡面放入 Github Page 的網址：

```
// package.json
{
  "name": "learn-react-from-hook-realtime-weather-app",
  "homepage": "https://<my-username>.github.io/<my-app>",
  // ...
}
```

其中 `my-username` 的部分就是你的 github 帳號，而 `my-app` 的部分就是剛剛在 Github 上建立的專案名稱。以這裡來說，我的 username 就填入 `pjchender`，專案名稱就填入 `learn-react-from-hook-realtime-weather-app`，因此 `package.json` 會如下圖所示：

安裝並設定部署用的工具 gh-pages

接著一樣在專案資料夾內透過 npm 安裝 gh-pages 這個工具，這個工具可以幫助我們快速把專案發布到 Github Page 上：

```
# 在專案資料夾中
npm install --save gh-pages
```

接著再到 package.json 檔案中的 scripts 欄位中新增以下 predeploy 和 deploy 的指令：

```
// package.json
{
  "scripts": {
    "predeploy": "npm run build",
    "deploy": "gh-pages -d build",
    // ...
  }
```

```
}
```

有了 **gh-pages** 這個工具後，只需要終端機中輸入一個指令就可以發布到
Github Page 上啦！！那就是：

```
$ npm run deploy
```

沒問題的話，火箭就順利升空啦～

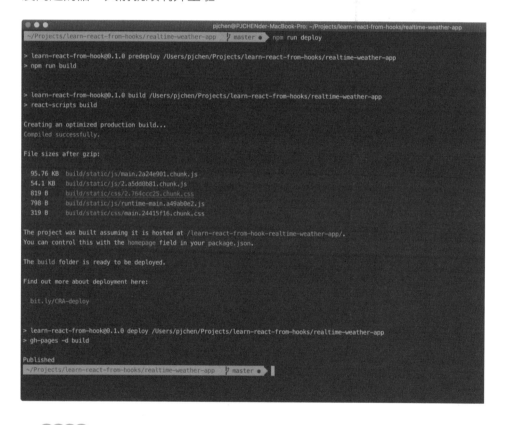

TIPS

執行的過程可能會需要花一些時間。

在 Github 上開啟 Github Page

當我們成功部署到 Github 上後，你會發現這個專案多了一個名為 gh-pages 的分支：

現在我們就要到 Github 的設定頁中前開啟 Github Page 的功能，並且該網頁要顯示的內容，指到對應的 gh-pages 這個分支。

首先進到 Github 專案的設定頁面：

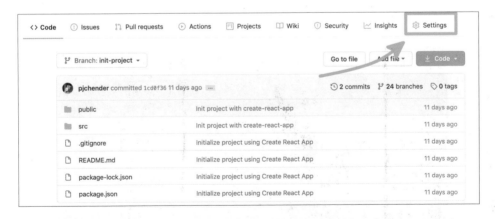

接著拉到最下面會看到 Github Pages 的地方。這裡我們要確認 Github Pages 已經被開啟，並且在 Source 的地方選擇到的來源是 gh-pages branch 這個分支：

在 Github Page 設定的地方，會顯示對應的連結。現在點擊 Github Pages 提供的網址，趕快來看一下吧：

努力了這麼久，這個成品終於正式發布上線啦！有沒有很感動呢！

將專案發布到 Github Pages 上吧

現在換你將自己的專案正式向眾人公開了！你可以參考以下步驟：

- 將專案透過 git 推上自己的 Github repository
- 透過 npm 安裝 gh-pages 套件
- 在 `package.json` 中修改 `homepage` 和 `scripts` 欄位的資料
- 執行 `npm run deploy`
- 確認 Github 上多了一個名為 gh-pages 的分支
- 進到 Github 專案的設定頁，看看 Github Pages 設定的地方是否有指到 gh-pages 分支，並顯示對應的網址
- 點進網址！把網址分享給你最想分享的人！

恭喜你！完成了一個很不簡單的作品！

8-2 將網頁變成手機 Web App

本單元對應的專案分支為：`main`。

單元核心

這個單元的主要目標包含：

- 開啟 React 中提供的 PWA 功能，讓手機可以下載 App 到桌面

在上一個單元中我們把「台灣好天氣」發布到 Github Pages 上，現在大家都可以透過網頁的方式瀏覽你的作品。但如果可以把這頁網頁透過 App 的方式安裝到手機上的話有多好呢？

今天就讓我們來看看如何把「台灣好天氣」變成一個可以下載到手機裝置上的 Web App 吧！完成後的畫面會像這樣，當使用者打開 App 時，會出現像

是左側的等待畫面，右側則是進入頁面的實際畫面：

把網頁做成手機可安裝的 App

Progressive Web App (PWA) 中文稱作「漸進式網頁應用程式」，這是 Google 這幾年一直致力在推廣的網頁技術。第一次看到這個詞彙時就和我聽到 Application Programming Interface (API) 一樣一頭霧水。到底「漸進式」指的是什麼！？

簡單來說，PWA 在網頁的基礎上新增了許多功能，可以帶給使用者更好的瀏覽體驗，特別是在手機裝置上的感覺更佳明顯，讓使用者感覺上像是在開一個手機 App 而不是開啟網站。PWA 的功能非常豐富，而漸進式的意思就是指你不用把這些功能一次全部到位，可以漸漸地一點一點加進去就可以。因為詳細的功能非常多，更多的說明可以參考 Google 和 MDN 的文件。

把即時天氣 App 包成 PWA

當我們透過 Create React App 來建立 React 應用程式時，Create React App 已經幫我們把許多 PWA 需要使用的工具都已經放進去了，只是需要我們手動開啟它。

首先進到專案中的 `./src/index.js` 這支檔案，將 PWA 中的 Service Worker 功能打開，只需把原本的 serviceWorkerRegistration.`unregister()` 改成 serviceWorkerRegistration.`register()` 即可：

Service Worker 算是在 PWA 中蠻核心的功能，它可以把網頁應用程式暫存（cache）下來，讓使用者下次點開的時候速度有感提升，並且可以讓這個網頁就像 App 一樣不用透過 App Store 就安裝在手機上，有需要的時候甚至可以在離線狀況下存取這個網站（但是當然就不能更新資料）。

PWA 使用的圖示

因為我們要讓使用者像是使用手機 App 一樣，安裝後顯示該 App 在手機上，所以會需要提供 App 的圖示。這些和 App 有關的圖示，在專案一開始建立時，就已經請讀者們下載並放在專案的 public 中，讀者只需確認這些圖示仍然存在：

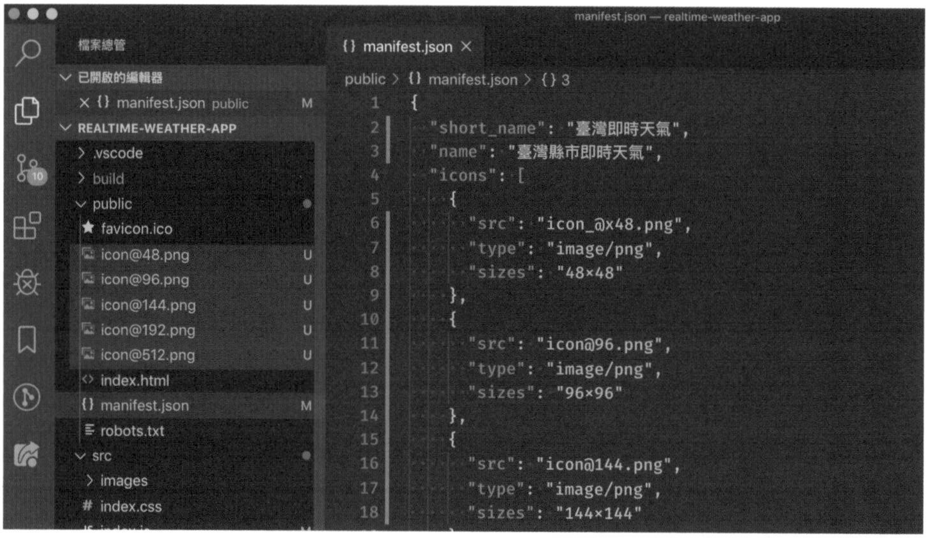

定義 PWA 的說明檔 - manifest.json

在這裡並不會用到太多其他的 PWA 功能，而是希望可以讓它看起來更像個原生的 App，並且可以下載到手機上使用。在專案建立好時 ./public 資料夾中已經有一支 manifest.json，這裡會定義和這個 PWA 有關的說明，讓瀏覽器知道下載下來時要使用什麼 Logo、顯示什麼顏色等等。

這支檔案的內容會長像這樣：

```
{
  "short_name": " 臺灣好天氣 ",
```

```
    "name": " 臺灣好天氣 - 即時縣市天氣 ",
    "icons": [
      {
        "src": "icon@192.png",
        "type": "image/png",
        "sizes": "192x192"
      },
      {
        "src": "icon@512.png",
        "type": "image/png",
        "sizes": "512x512"
      }
    ],
    "start_url": ".",
    "display": "standalone",
    "orientation": "portrait-primary",
    "theme_color": "#1f2022",
    "background_color": "#1f2022"
}
```

- short_name 和 name 欄位都是用來定義此 App 的名稱
- icons 欄位定義此 App 相關的圖示，因為裝置螢幕尺寸不同的緣故，一般會同時提供多個不同尺寸的圖示檔
- start_url 使用者點開此 App 時要打開頁面的相對路徑
- display 欄位使用 standalone 時，表示使用者打開此 App 時最上方不要出現網址列
- orientation 用來說明這個 App 主要是直式或橫式
- theme_color 和 background_color 則是定義 App 在載入時顯示的顏色

為了不佔用書中額外的篇幅，讀者可以本單元對應的 Github 分支中，找到 **public/manifest.json** 這支檔案：

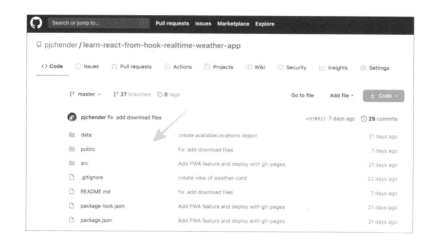

或透過下方連結複製完整的 `manifest.json` 檔後，貼上到 `./public/manifest.json` 中：

https://github.com/pjchender/learn-react-from-hook-realtime-weather-app/blob/main/public/manifest.json

最後因為有些 PWA 的設定在 iOS 裝置上需要額外撰寫，會需要把它們設定在 `./public/index.html` 中，讀者們一樣可以參考在 main 分支中的 `./public/index.html`，複製貼上到本機的 `./public/index.html` 檔案中：

```html
<head>
  <meta charset="utf-8" />
  <link rel="shortcut icon" href="%PUBLIC_URL%/icon@48.png" />
  <meta name="viewport"
    content="width=device-width, initial-scale=1.0, user-scalable=1.0, minimum-scale=1.0, maximum-scale=1.0,
  <meta name="theme-color" content="#1f2022" />
  <link rel="manifest" href="%PUBLIC_URL%/manifest.json" />

  <!-- PWA settings for ios device -->
  <link rel="apple-touch-icon" href="%PUBLIC_URL%/icon@48.png" />
  <link rel="apple-touch-icon" sizes="96x96" href="%PUBLIC_URL%/icon@96.png" />
  <link rel="apple-touch-icon" sizes="144x144" href="%PUBLIC_URL%/icon@144.png" />
  <link rel="apple-touch-icon" sizes="192x192" href="%PUBLIC_URL%/icon@192.png" />
  <link rel="apple-touch-icon" sizes="512x512" href="%PUBLIC_URL%/icon@512.png" />
  <link rel="apple-touch-startup-image" href="%PUBLIC_URL%/launch.png" />
  <meta name="apple-mobile-web-app-title" content="臺灣好天氣" />
  <meta name="apple-mobile-web-app-capable" content="yes" />
  <meta name="apple-mobile-web-app-status-bar-style" content="#1f2022" />
  <meta name="description" content="臺灣好天氣-即時縣市天氣" />
  <title>臺灣好天氣-即時縣市天氣</title>
</head>
```

發布應用程式

當我們都做好設定後，一樣只需要在使用 npm 的指令就可以發布到 Github
上了：

```
# 在專案資料夾下
$ npm run deploy
```

在電腦上安裝

發布完之後，當你用瀏覽器 Chrome 開啟「台灣好天氣」，瀏覽器會自動偵
測這個網站是否符合 PWA 的規範，若符合的話會自動跳出提示來詢問使用
者是否要安裝：

安裝後就會出現在應用程式列表中：

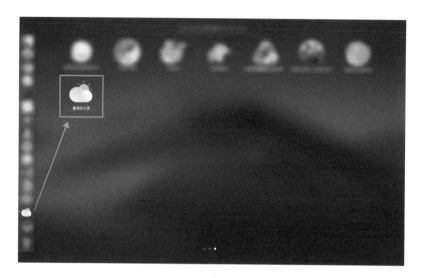

打開來就像一個原生的 App，但其實是包著 App 外皮的網頁：

看起來超棒的！

在手機上安裝

同樣的,讓我們來看看手機
的畫面。當手機進入到這個
頁面時,瀏覽器同樣會偵測
到有符合 PWA 的規範,因此
會跳出下載的按鈕或提示:

當我們把它安裝到手機後,
它就像一般的手機 App 一
樣,打開的時候會有一個漸
變的啟動畫面。使用者若想
移除這個「網頁」,同樣需要
透過解除安裝的方式將它移
除:

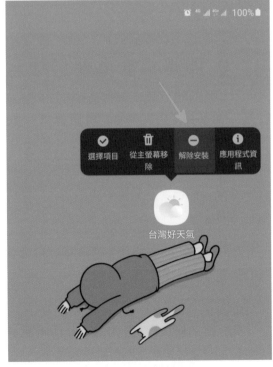

實際上，PWA 中的應用不僅止於此，還提供了訊息推播、離線運作、畫面與資料快取（cache）、背景執行等等，在本單元 Github 分支（**main**）說明頁有附上參考連結，有興趣的讀者也可以再進一步了解。

換你了！ 試著把網頁包成 PWA 讓使用者安裝

要把網頁變成 PWA 的方式非常簡單，只需要透過一些設定檔，讓它符合 PWA 的規範後，瀏覽器判斷後就會產生對應的安裝按鈕。現在你可以：

- 在 ./src/index.js 把 serviceWorkerRegistration.register(); 開啟
- 修改 ./public/manifest.json 檔
- 修改 ./public/index.html 檔
- 使用 `npm run deploy` 重新發布到 Github Pages 上

大功告成了！給自己掌聲鼓勵吧！

8-3 那些相當重要但故意先不告訴你的地方

作為一本 React 的入門書，這本書的目的是讓你對 React 有一個全面的概念，讓你後續在閱讀 React 的官方文件時，不會覺得不知道從何下手，同時，我希望你能夠越來越習慣閱讀官方文件，未來不論你想要換到哪一個框架或學習其他語言，千萬不要忘了回頭閱讀官方文件，因為那通常會是最清楚詳細的！

下面是一些在 React 中相當重要但在前面內容中刻意不提到的部分，另外也提供讀者後續延伸學習的方向。

> **TIPS**
>
> 本單元中的網址均有列在 Github 專案分支（main）的說明文件中，讀者可以直接透過該說明頁面檢視連結。

關於 React 在本書中刻意先不告訴你的重點

在 React 中過去多是用 class 在定義元件

在這本書中，我們都是使用函式來定義元件（Functional Components），因為 React Hooks 的功能讓我們可以把要做的事情都在 Functional Components 內完成，而且只需要有了 JavaScript 中函式的概念後就可以開始學習使用 React，大大降低了 React 的學習門檻；但在還沒有 React Hooks 前，多數的元件都是使用 class 這個關鍵字來定義，因此若想看懂其他人寫的 React 程式碼，還是勢必要回頭補齊 Class-Components 的部分，這裡除了推薦 React 官方的 Getting Started 之外，我認為 Codecademy 上關於 React 的教學也可以幫助你補齊這個部分。

- React Getting Started：https://reactjs.org/docs/getting-started.html
- Codecademy Learn React.js：https://www.codecademy.com/learn/react-101

在 React 中過去多是透過生命週期在不同時間點做事

如果你是在 React Hooks 之前就學過 React 的話，一定聽過「生命週期」這個東西，最常見的像是 componentDidMount、componentDidUpdate 和 componentWillUnmount，但在 React Hooks 之後，這些多能被 useEffect 替代，但生命週期的概念並非不重要，只是知道這些在學習 React Hooks 的 useEffect 時可能把自己困住，如同本書第一章所說的，有些時候過去學過的東西，反而會讓你學新事物的時候綁手綁腳，而現在是你可以在 React 的世界中，了解生命週期使用方式的時候了！

持續學習的方向

React Router

本書主要著重在 React 框架本身，但作為一個完整的 SPA（Single Page Application），要處理的事情往往不僅是幾個頁面的資料交換與處理，當一個網頁的頁面越來越多時，開始會需要有「路由」的概念進來，讓使用者可以直接透過網址直接進到某一個頁面，這時候就會需要使用到的 React Router 這個工具。

- React Router：https://reactrouter.com/

Redux

此外，在一個完整的應用程式中，元件和頁面之間都會變得更龐大，元件與元件間的資料傳遞會變得更複雜，有時候直接把資料一直用 props 的方式傳入子層元件可能不再是最適當的做法，而是需要一個資料的「中控中心」，所有的元件都可以向這個中控中心取得該元件所需要的資料，這時候將會需要使用到 Redux 這個工具。

- Redux：https://redux.js.org/

React Testing

越是大型的專案越需要去撰寫測試，避免自己或多人合作時，改了某一元件導致其他頁面或元件發生錯誤的情況，這時候你可能會需要像是 React Testing Library 這類的工具來撰寫 React 元件的測試。

- React Testing Library：- https://testing-library.com/docs/react-testing-library/intro

Progressive Web App

在本書的後面幾個單元中，我們透過 React 完成了一個完整的 Web App，現在仍然需要使用者自行設定所在地區，但你也可以透過瀏覽器提供的 Geolocation API 來偵測使用者所在的位置，自動幫使用者選擇該地區的天氣資訊；若你對於 Progressive Web App 能在手機上執行的更多功能，或者希望能夠新增推播通知等等，則可以進一步閱讀和 Progressive Web App 相關的說明。

■ Geolocation API：https://developer.mozilla.org/en-US/docs/Web/API/Geolocation_API @ MDN

■ Progressive Web Apps：https://web.dev/progressive-web-apps

最後，不要被過去所認識的世界束縛你

這點說起來好像很容易，但平常我有在看手機版習慣，最常看到「從 iOS 跳到 Android」或從「Android 跳到 iOS」的使用者在抱怨：「為什麼我以為用 ooo 有這個功能，換過來 xxx 之後都沒有」。

可是多數時候，當你仔細去看使用者提出的問題後，會發現其實兩個系統都有相同或類似的功能，只是可能要在不同的地方才能找到。當你一直用原本的習慣想要去接觸新事物時，將會使得你窒礙難行，但若你可以用「新事物」的角度上網查一下，常常就會發現原來換過來後也有這個功能呀！好用！

上面這些話其實是在跟我自己說的，在學習的過程中，我常對於「能達到同樣功能但卻需要用不同方式」而感到厭煩。剛開始學網頁的時候，常會覺得 HTML, CSS, JavaScript 彼此三個不是活得好好的話，為什麼後來要出模板語言（Pug、Mustache、Handlebars、EJS）、為什麼後來要有 CSS 前處理器（SASS、SCSS、PostCSS）、為什麼要有前端框架，反正後來都還是編譯成 HTML, CSS 和 JavaScript 不是嗎？

在還沒有熟悉它們之前，的確會覺得「麻煩」，覺得「阿我就繼續用 ooo 就好了啊」！但實際上這些工具很多都是（當時）為了想要解決某些問題而生。想像過去的我若執著於功能都一樣，而繼續用原本單純的 HTML、CSS、JavaScript，那麼不只很難繼續進步，同時也無法體會到這些工具帶給我們的愉快感和成就感。

所以，不要害怕那些許許多多聽過、沒聽過的術語和詞彙，不懂的就記下來，有需要時再找個時間來弄懂它，就是這樣。不要被過去所認識的世界束縛你，一起共勉。